站在巨人的肩上
Standing on Shoulders of Giants

TURING
图灵教育

iTuring.cn

站在巨人的肩上
Standing on Shoulders of Giants

TURING
图灵教育

iTuring.cn

图灵原创

和孩子一起玩编程

胡宏彪 著

人民邮电出版社

北京

图书在版编目（CIP）数据

和孩子一起玩编程 / 胡宏彪著. -- 北京 ：人民邮
电出版社，2018.1（2019.7重印）
　（图灵原创）
ISBN 978-7-115-46977-9

Ⅰ．①和… Ⅱ．①胡… Ⅲ．①程序设计－少儿读物
Ⅳ．①TP311.1-49

中国版本图书馆CIP数据核字(2017)第240878号

内 容 提 要

本书分成书和卡片两部分，卡片相当于书的图片版，是供不能独立阅读本书的孩子使用的，使用
方式是家长看书来讲解，孩子看卡片来操作。书中设计了 42 个问题场景，我们可以使用简单的程序来
解决这些问题，然后让孩子改动程序中的变量，解决类似的问题。

本书适合中小学生等初学者自学或者在家长的帮助下学习。

◆ 著　　　　胡宏彪
　　责任编辑　王军花
　　责任印制　彭志环

◆ 人民邮电出版社出版发行　　北京市丰台区成寿寺路11号
　　邮编　100164　电子邮件　315@ptpress.com.cn
　　网址　http://www.ptpress.com.cn
　　天津翔远印刷有限公司印刷

◆ 开本：787×1092　1/16
　　印张：12.5
　　字数：236千字　　　　　　　2018年 1 月第 1 版
　　印数：8 501 - 9 500册　　　2019 年 7 月天津第 6 次印刷

定价：69.00元

读者服务热线：(010)51095183转600　印装质量热线：(010)81055316
反盗版热线：(010)81055315
广告经营许可证：京东工商广登字 20170147 号

序　一

在cn.bing.com中输入"和孩子一起玩"，提示搜索次数最多的是游戏，其次是艺术、烹饪和玩具，9条结果之后仍然看不到编程，这似乎说明在今天，和孩子一起玩编程还是一个相对小众的事情。如果说外语是通向世界的桥梁，那么学习编程语言就为孩子打开了另一扇通向人机交互的大门。掌握外语，能够让语言不通的人毫无障碍地交流思想，能够让孩子通过对比和思考，了解不同的文化传统和社会运作机理。掌握编程，能够让人理解各种智能设备的运作原理，这些设备已经渗透到我们生活的方方面面。对这些一生下来就全面接触各种智能设备的孩子，掌握编程能够让他们更从容地理解数字时代的文化，而不是像他们的父辈一样焦虑，能够让他们在信息化、智能化的大趋势中不被抛在浪潮之后。

在身边的商场里，各种英语培训班如雨后春笋般冒出来，这说明孩子上英语培训班的比例逐步增高。大城市里孩子们的英语水平跟20年前相比，也确实不可同日而语。但我估计，国际化和全球化固然是大趋势，20年后的工作和生活中，需要和外国友人频繁互动的人数应该会远远小于需要和智能设备频繁互动的人数。因此，让孩子们学编程确有需要。

孩子如何学编程，其实也有讲究。可以从Scratch入门，它是一种可视化的编程语言，直观易懂，其中包含了各种程序的基本结构，又可以做出非常漂亮的图形，有助于孩子对编程形成初始的兴趣。在此之后，接触一门真正的实际编程语言也很有必要。Python语言的编程语法接近自然语言，具备丰富的库支持，写脚本简洁、明快，容易理解和上手，同时又是真正的工业级语言，具备相当的灵活性和跨平台一致性，作为快速开发的语言在谷歌等大公司也得到官方支持。我相信胡宏彪老师选择这门语言也是经过慎重考虑的。通过接触这样的实际编程语言，孩子更容易树立起对自己计算机编程能力的信心。

在孩子的教育中，父母的言传身教是不可或缺的重要环节。按照潜心研究人才成长规律多年的Benjamin S. Bloom教授的总结，在各种专业领域的学习中，都存在以下三个阶段：通过引导让孩子产生兴趣；不断练习建立信心；视孩子的技能发展阶段引入专业的教练，通过反馈和刻意练习持续提高水平。在兴趣—信心—专业指导这三阶段的发展过程中，父母对孩子的持续稳定的兴趣引导非常重要。因此，和孩子一起玩编程，共同探讨编程世界的奥秘，既有助于掌握孩子的兴趣变化和波动，适时引导鼓励，也有助于给孩子留下美好的回忆。对我自己而言，小时候由于父亲工作忙，很少有时间能够陪伴我，我就特别珍视父亲和我一起下象棋的美好瞬间。当然，父母如果之前不了解编程，从此书开始，也是一个很好的学习契机。

再多说一点编程和人工智能（Artificial Intelligence）的关系。经历20年的沉寂，最近几年人工智能领域也成为了社会关注的热点方向。无论是阿尔法狗打败世界第一高手，独孤求败，之后它又摒弃人类下棋经验，通过左右手互弈就远远超越了人的水准，还是无人车不断刷新无故障行驶的连续历程，再或是各种对话型的助理能和人聊得越来越长，无一不引起大众的广泛关注。

作为人工智能行业的从业者，个人认为目前距离实现强人工智能、人工智能替代人还需要很久，但是靠人与智能设备的互动来增强人的信息感知、处理和决策能力，即所谓增强智能（Intelligence Augmentation），已经触手可及。说到智能，无论是就人还是其他动物而言，智能的一个核心功能在于能够考虑场景和环境，在大脑中进行模拟推演。正是这种低成本的推演能力，能够在行动之前排除可能导致灾难性后果的行动选项，增强个体和群体对环境的适应能力。妄加揣测，这也可能就是智能不断演化的动力来源。

人要和智能设备进行高效互动，则要求人具备一定的计算思维（Computational Thinking），能够把自己当作一台设备，站在设备的角度去进行思考和逻辑推演。更具体地说，借助这个领域专家周以真教授的定义："计算思维涉及运用计算机科学的基础概念去求解问题、设计系统和理解人类的行为。"更直观地说，计算思维能够通过归约、转化、仿真等方法，把看起来困难的问题转化为我们能够解决的问题的组合，通过抽象和分解，使复杂的任务和系统得以完成。千里之行，始于足下，计算思维的培养，也离不开对编程语言最基本的掌握。

希望此书的出版，能够帮助有缘的父母和孩子一起玩编程，在玩中学习，能够辅助培养孩子对深入理解计算机/智能设备的兴趣，为理解人工智能和增强智能打下基础。是为序。

王栋博士，美团点评高级技术总监

序 二

有人问学习打篮球最佳的方法是什么？真实答案非常简单，因为热爱而不断地练习。假如每天坚持练习两个小时以上，一定能成为篮球高手。为何美国的黑人比华裔更擅长打篮球，因为他们比华裔更热爱篮球运动，练习更多。他们不是靠什么篮球理论，而是靠更多的练习。

很多知识的学习都应该采用这种方式。例如，你要跳进水里才能学会游泳，而不是靠在陆地上熟读关于游泳的理论。学习外语，最重要的不是精通语法知识，而是在生活中反复使用。从这个角度来看，编程是一种最为理想的能力培养方式，因为程序的反馈是非常快的。每次程序按照预期运行一次，自信心就会增加一分，形成一种非常有效的正向学习过程。在传统的学校教育中，书本知识和实践能力往往严重脱节，培养出大量高分低能的学生，学习编程恰好可以弥补这样的缺陷。

编程已经成为21世纪最重要的技能之一，软件已经应用到了各行各业，甚至包括一些最为传统的行业。因为PC的普及，开始学习编程的年龄也越来越低。例如，我的孩子在6岁时就开始学习积木式编程语言Scratch。美国前总统奥巴马曾强调儿童编程教育的重要性，还亲自参加儿童编程活动，用谷歌的积木式编程语言Blockly画了一个正方形。

儿童编程教育的重要性毋庸置疑，其实作为家长也很有必要学习一些编程技能。家长与孩子共同学习编程，可以让孩子学习更快、更有乐趣。家长在这个过程中也能够体验到非常多的乐趣。在美国，有很多家庭正是家长来亲自辅导孩子学习编程，帮助儿童学习编程的网站也有很多。

胡宏彪老师的这本书，立足于帮助家长与孩子一起学习编程，深入浅出，生动有趣，是一本非常实用的好书。如果你希望自己的孩子未来更有竞争力，编程教育是不可忽视的一个领域，仔细读一下胡老师的这本书就是最佳的起步。

李锟，20年工龄的程序员

写给家长的话

每个有孩子的家庭，都必须认真关注一个问题：如何让自己的孩子和计算机相处？

现实中，绝大多数家庭都或多或少在使用计算机的问题上和孩子发生过冲突，家长担忧孩子会沾染上网瘾、游戏瘾，而孩子却偏偏很容易被这些东西吸引住，因此家长普遍采用限制使用，甚至禁止使用计算机的对策来解决这个问题。但是这些对策往往伴随着粗暴的强制手段，又难以产生良好的效果，绝不是解决这个问题的良策。

计算机已经成为我们生产与生活中的重要工具，限制孩子使用实际上限制了他（她）未来发展的机会。可是许许多多的小孩子最初接触计算机的时候，往往最先学会的就是看电影、网络聊天、打电子游戏，因此认为计算机就是一个娱乐设备，从而一开始就在如何使用计算机上产生了错误认识。反过来，如果能在最初由家长主动引导孩子先接触计算机的程序编写与运行，让孩子明白屏幕上那些丰富多彩的绚丽内容其实是由一行行平淡无奇的代码打造的，这样基本就不会出现所谓的"成瘾"问题了。若由此产生兴趣，从小开始钻研计算机技术，还很可能成就一番事业呢。

许多家长会认为，我自己就不会编程，怎么带着孩子学编程呢？其实你完全不用担心，因为编写一些小程序并不像大家想的那么难，本书就可以帮助家长完成这个任务。阅读本书就像阅读菜谱一样简单，每位家长都能通过使用本书来成为孩子的编程启蒙老师，所以请接着看下去吧。

使用说明

(1) 本套书分成书和卡片两部分，卡片相当于书的图片版，供不能独立阅读本书的孩子使用，使用方式是家长看书来讲解，孩子看卡片来操作。这里需要说明的是，卡片号与章节号相对应，有些章节没有附带卡片，因而卡片编号会出现断续。另外，请注意，为了方便小读者对照输入，卡片上的代码特意调大，但因纸面宽度有限，会产生一句代码分成两三行的情况，但在输入代码时要以行号为准，同一行号下的要在一行中输入。

(2) 本书的主要目的是让孩子初步了解和正确使用计算机，所以在这个阶段主要让孩子进行模仿操作即可，不必强调理解计算机原理。

(3) 家长的手请离开键盘和鼠标，孩子的操作速度是很缓慢的，请耐心等待，不要想着帮孩子完成操作，那样孩子不会认为是自己的成果。但是，在必要时也应给孩子一些协助。

(4) 编程中不可避免地会用到一些英文单词，本书已尽量减少其数量，不会对学习造成什么阻碍，但应鼓励孩子了解英语，因为对其以后的编程学习之路非常重要。

(5) 本书使用Windows 7系统做操作展示，若读者使用其他系统，具体步骤不一定相同，请根据具体情况做些调整。

写给孩子的话

为什么要学习编程呢?

计算机是我们的好伙伴,它本领高强,再难的问题都能轻松解决,而且从不叫苦叫累,命令它干啥就干啥,你想不想要这样的一个伙伴?

可是计算机使用的语言和我们平常说的话不一样,只有学会了计算机语言,才能让计算机按我们的命令去做事。

我们写出能让计算机看懂的话,就叫编程。学会了编程,你就可以轻轻松松地安排计算机帮你去干很多事了。

目　　录

1 先来三道小测试

引言

计算机程序并不神秘，编写程序也不需要多高的知识水平，这本介绍编程的书就是专门写给孩子的，内容都是根据孩子的特点编排的，所以小读者们完全不用担心自己年龄太小，根本不可能学会编程。据说有些小孩从6岁时就开始编程了，最著名的例子就是比尔·盖茨和扎克伯格，当然这些故事也不知道是真是假。根据作者的一些实践经验，七八岁的孩子就可以接触编程语言了。其实多大的孩子能学编程，这并没有标准答案，因此这里给出三道能力测试题，如果小朋友能完成，就可以开始学习了。

第一题：打开一个文本文档，按照如图1-1所示的范例输入字母。

图1-1 输入字母范例

第二题：打开一个文本文档，按照如图1-2所示的范例输入英文符号。

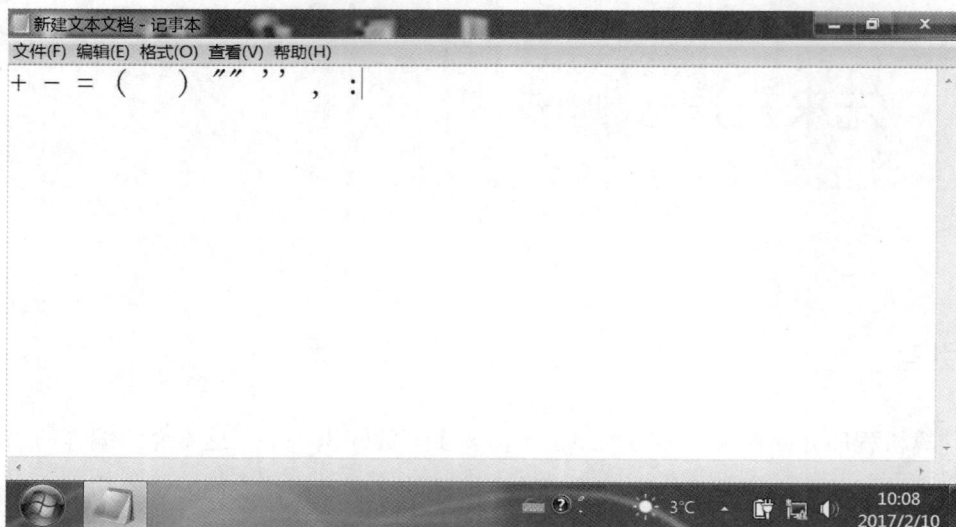

图1-2　输入英文符号范例

第三题：打开一个文本文档，按照如图1-3所示的范例输入英文单词，然后把它另存为名叫test1.1的文件。当然，如果能说出这几个单词在计算机操作中的含义就更好了。

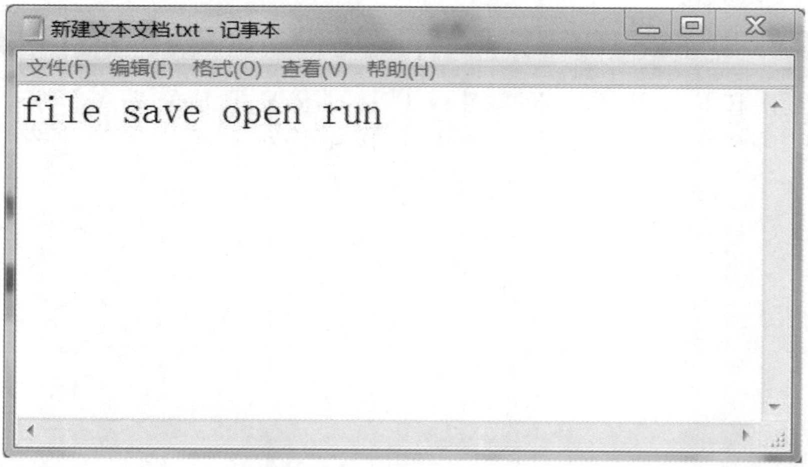

图1-3　输入单词范例

编程工具很多都是使用英文菜单的，但不要担心看不懂，只要认识上面几个单词就没问题了，所以请先熟悉一下它们，具体解释如下。

❑ file（文件）。一组信息如果被计算机存储起来了，就是一份文件。比如上面每次
  在文本文档里输入的内容就是一组信息，把它们存储在计算机里就是一份文件。

❑ save（保存）。计算机存储文件内信息的操作。

❑ open（打开）。计算机显示文件内信息的操作。

❑ run（运行）。当文件内容是一段程序时，运行是指让计算机执行文件中的程序。

❑ test（实验）。学习编程时，我们让计算机运行自己输入的程序就是在做实验。这
  个单词不是操作命令，本书中使用"test+序号"作为保存文件时的命名方法（如
  test1.1），所以顺便介绍一下。

2 打倒一号纸老虎

目标

□ 安装Python

引言

计算机语言有许多种，我们经过考虑，选择了Python作为本书的教学语言，因为Python的语法接近人类正常语言，代码容易看懂和编写。而且，它正逐渐成为一种被广泛应用的语言，一旦掌握了它，不论你以后从事什么工作，都可以使用它。

使用前，请先在计算机上安装Python。在我们的生活中，程序随处都有，但许多人始终没有接触编程，其原因仅仅就是他们的计算机里没有编程软件，所以安装编程软件可算是初学者遇到的第一个"拦路虎"。你也许会有安装编程软件超出自身能力范围的想法，但我想说的是：只要你愿意动手去干，没有什么解决不了的问题。其实Python的安装过程是比较容易的，按照如下步骤进行即可。

第一步：找到下载网站

百度搜索"图灵社区"，或直接进入网站ituring.cn。

第二步：找到下载页面

在页面的搜索框中输入本书书名，在搜索结果中点击进入本书页面，然后找到"随书下载"并点击下载，解压后请先找到python-2.7.6.msi文件。

第三步：安装Python

双击python-2.7.6.msi文件，会出现如图2-1所示的界面，然后一直点击Next按钮即可。中间若时间较长，请耐心等待。最后点击Finish按钮，安装就结束了。

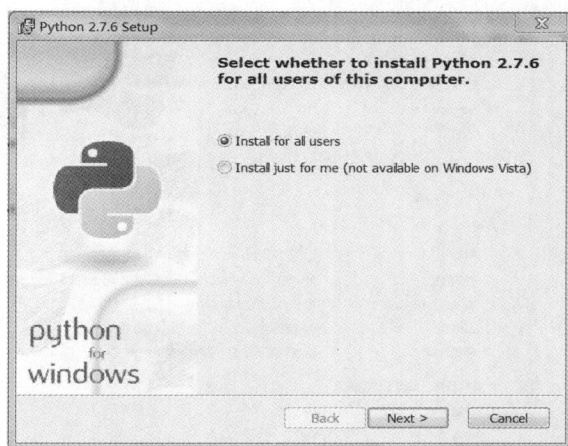

图2-1 安装Python

第四步：将Python写入系统变量

将鼠标指针放在桌面的"计算机"图标上并点击右键，在出现的菜单中用左键点击"属性"，如图2-2所示。

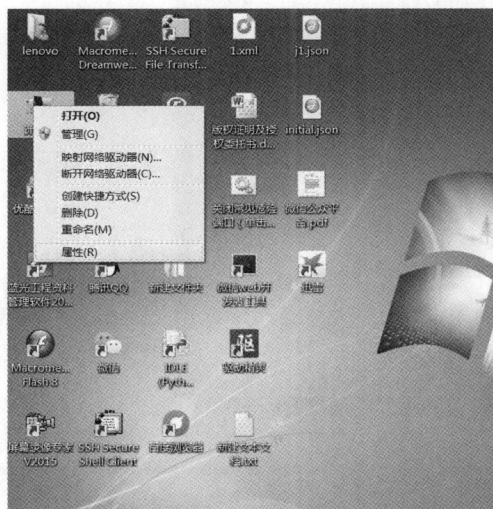

图2-2 找到计算机的"属性"选项

在出现的窗口中点击左边的"高级系统设置"，如图2-3所示。

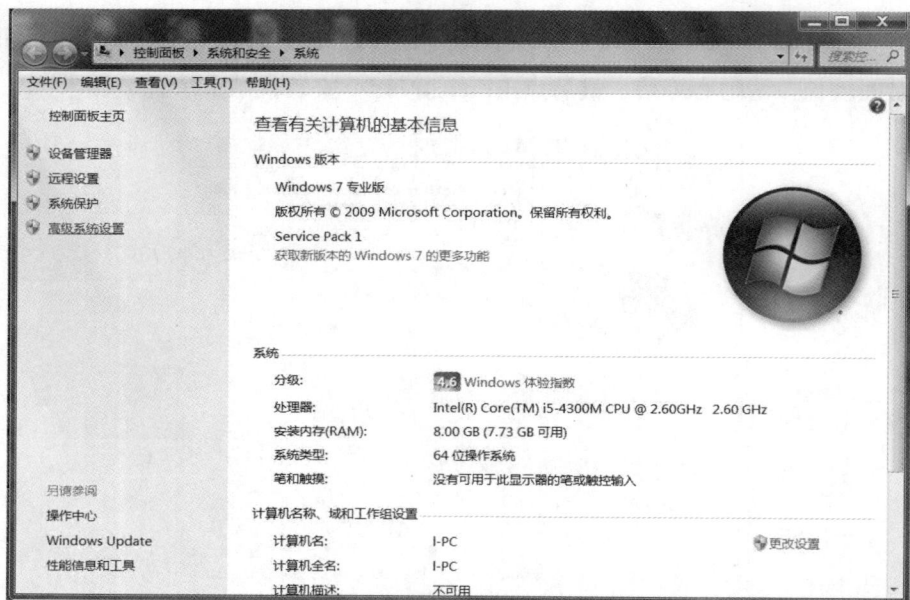

图2-3　点击"高级系统设置"

在出现的窗口中点击右下方的"环境变量"，如图2-4所示。

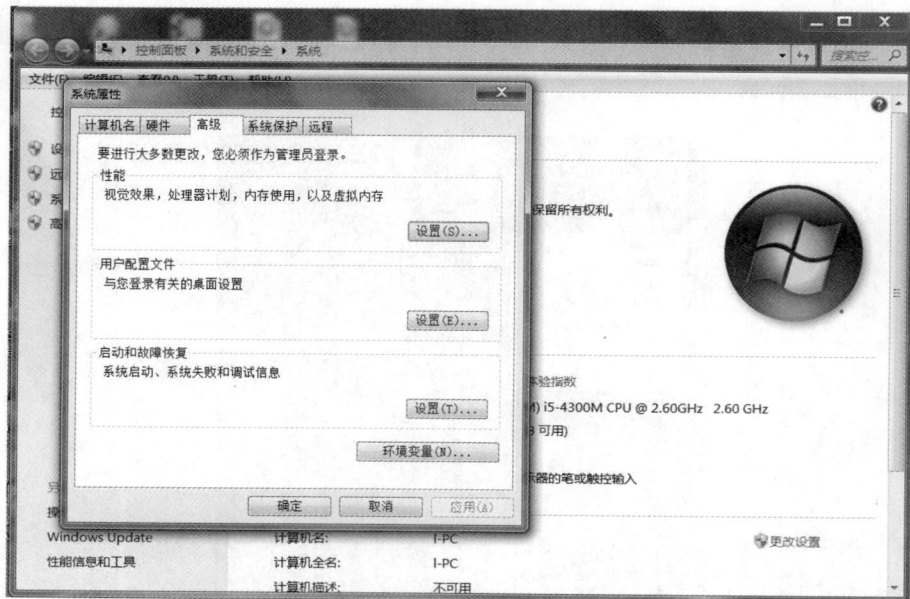

图2-4　点击"环境变量"

在出现的窗口中，在下方的"系统变量"中，拖动右边的滚动条，找到Path这个变量并点击选中，再点击其下方的"编辑"，如图2-5所示。

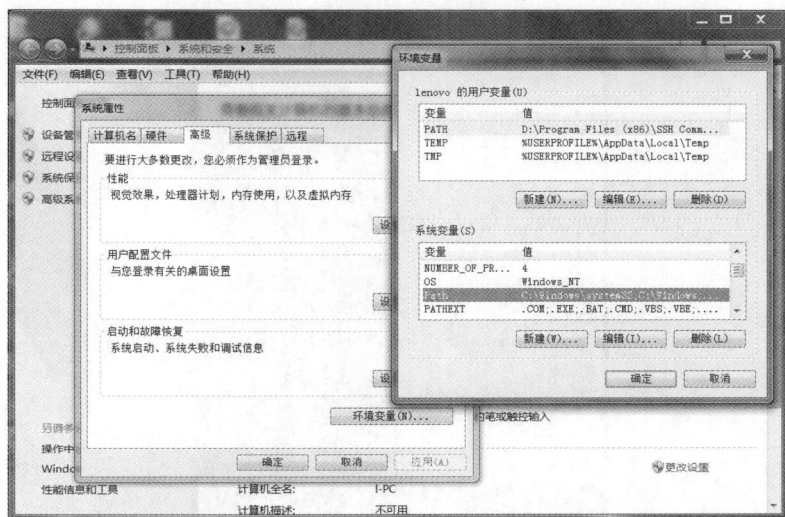

图2-5 找到系统变量的"编辑"选项

在弹出窗口的"变量值"一栏中，将光标放在最后，在英文状态下写入";C:\Python27"。注意前面那个分号";"，它用来与前面的内容分开，如图2-6所示。然后一路点击"确定"关闭所有窗口，此时会回到如图2-3所示的界面，直接关闭该界面即可。至此，这个程序就安装完成了。

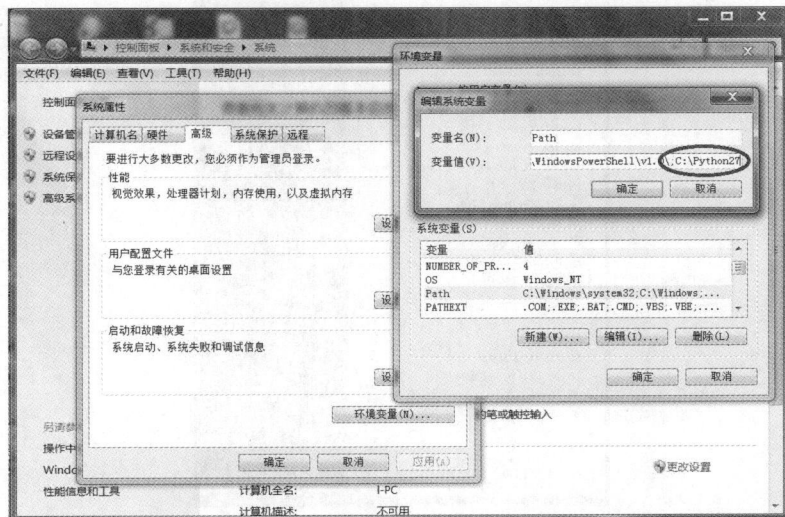

图2-6 写入新的系统变量值

第五步：创建快捷方式

点击桌面左下角的"开始"图标，如图2-7所示，点击"所有程序"。

图2-7　找到"所有程序"选项

在展开的程序菜单里面找到Python 2.7，点击后可展开，如图2-8所示，在子项IDLE(Python GUI)上点击鼠标右键，选择"复制"，然后在桌面上点击右键，选择"粘贴快捷方式"。

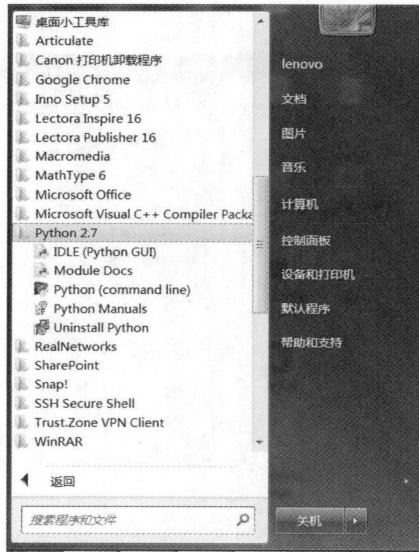

图2-8　展开后的Python 2.7

此时桌面上会出现IDLE图标，双击打开它，如果安装成功，即可出现如图2-9所示的窗口。

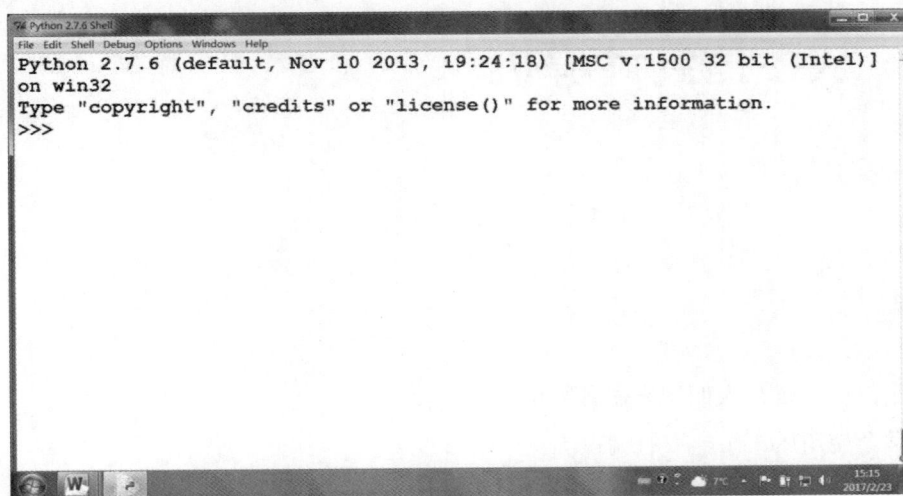

图2-9 Python Shell窗口

是不是不难？这实在称不上什么"拦路虎"，充其量只是一只"纸老虎"。不过由于计算机系统的各种问题，有时"纸老虎也能咬人"。可能按书上的步骤操作不能成功安装软件，这时你应该自己钻研一下，比如上网查查解决办法。初学编程时经常会遇到各种问题，所以具有主动解决问题的精神很有必要。如果实在搬不倒这个拦路虎，你也可以寻求身边"电脑高手"的帮助。对于他们来说，这样的事应该是"小菜一碟儿"。

后面随着学习的深入，我们还会安装一些软件，所以这次安装任务姑且称为"一号纸老虎"吧。

3 从手指到计算机

目标

❑ 明白计算机是人们用来做计算的机器
❑ 学会使用Python自带的编程工具

引言

计算是生活中非常重要的事情，如果我们没有计算能力，买东西不知道该给多少钱，做事情不知道需要多少时间，生活就会全乱套。更重要的是，离开了计算，我们无法建造房屋，无法制造机器，人类社会就不会发展成现在的样子。计算是如此重要，所以人们希望能有个好用的工具来帮助做计算。

很早很早以前的原始人就发现，手指是最简单的计算工具，因为用手指就可以表示出1~10这10个数字，这也被认为是现在普遍使用十进制的原因。可是我们只有10个手指，能表示的数太少了，所以人们又发明了算筹这个计算工具。算筹就是一根根的小木棍，如图3-1所示。用小木棍按照图3-1下方所示的样子就能摆出1~9的数字，而且有纵式与横式两种摆法。在摆较大的数字时，为了区分开个位、十位、百位的数字，纵式和横式要间隔使用。

可是这样用起来还不太方便，因为要进行比较大的计算时，小木棍摆满整个屋子都算不完。后来人们又发明了算盘，算盘是用珠子表示数字的：算盘有上下两个框，下框里的一个珠子表示1，上框里的一个珠子表示5；算盘上还有一根根的柱子，每根可以表示不同的位数。这样按照柱子上被拨到中间去的珠子数，就能表示出不同的数字，如图3-2所示。

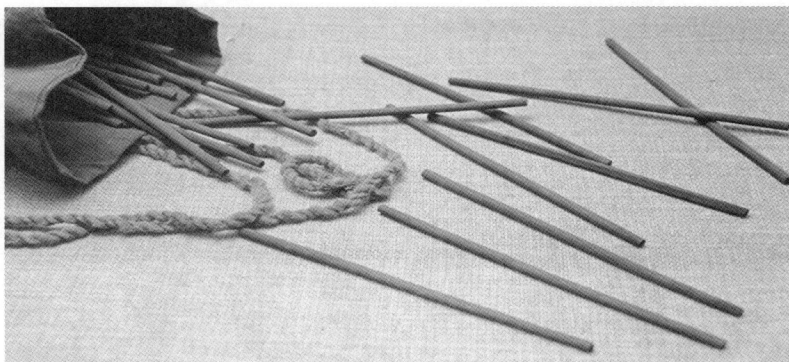

| 纵式 | │ | ‖ | ‖‖ | ‖‖‖ | ‖‖‖‖ | T | T | T | T |

如 123，要写成：│=‖‖

图3-1 算筹

百位 十位 个位

六 二 八

图3-2 算盘

算盘曾经被人们使用了2500多年，但是计算机一发明出来，很快人们就不再使用算盘了，计算机的计算本领太强大，而且使用太方便了。那么，计算机是怎么表示数字的呢？它的表示方法和前面的计算工具都不一样，没有小棍和珠子那样的东西，它只有电路。什么叫电路呢？我们的电灯及和它相连的电线、开关就组成了一种电路。那么，一个电灯能有几种状态呢？只有两种：要么是亮的，要么是暗的。这样来看，一个电路能表示几个数字呢？只能表示出两个数字，比如：我们规定电灯暗的时候表示数字0，电灯亮的时候表示数字1（如图3-3所示），其他数字就没法表示了。

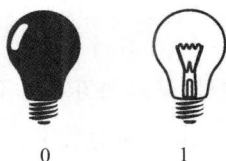

0　　　1

图3-3 用电灯表示0和1

因为计算机能表示的基本数字只有两个，所以它使用的这种数字表示方法叫二进制（更多内容参见附录A）。只能表示出0和1这两个数是不能满足计算需要的，于是人们想了一个办法，可以用这两个数表示出任何数字。用电灯电路做个形象化的例子，如图3-4所示，这里只是演示了几个数字，继续排下去就可以表示更大的数字了。

0	0	0	0	0	0	0	0	=	0
0	0	0	0	0	0	0	1	=	1
0	0	0	0	0	0	1	0	=	2
0	0	0	0	0	0	1	1	=	3
0	0	0	0	0	1	0	0	=	4
0	0	0	0	0	1	0	1	=	5

图3-4 用0和1表示不同的数字

在计算机刚发明的时候，还没有屏幕这种东西，有些人就把计算机连接上一串灯泡，根据灯泡的不同明暗组合，就能表示出不同的数字。现在的计算机则是把上面那种二进制的数字，变成我们常用的十进制数字在屏幕上显示出来，所以读者不懂二进制也没关系。按照这样的原理，计算机内的电路就能表示出各种数字来，再通过电路的逻辑运算能力，就可以完成各种计算。

从上面的内容可以看出，计算机是人类进入电子时代以后发明的计算工具。从手指到计算机，我们的计算工具取得了巨大的进步。下面我们就来试试计算机的计算能力吧。

第一步：学习新单词

新单词：print（打印）

如何让计算机把计算结果告诉你？计算机可不会说话，它只能在屏幕上显示内容。因此你就要命令计算机把计算结果打印（print）在屏幕上，print这个单词就是程序中的显示命令。

第二步：打开Python自带编辑工具

(1) 用鼠标左键双击桌面上的IDLE图标，如图3-5所示。

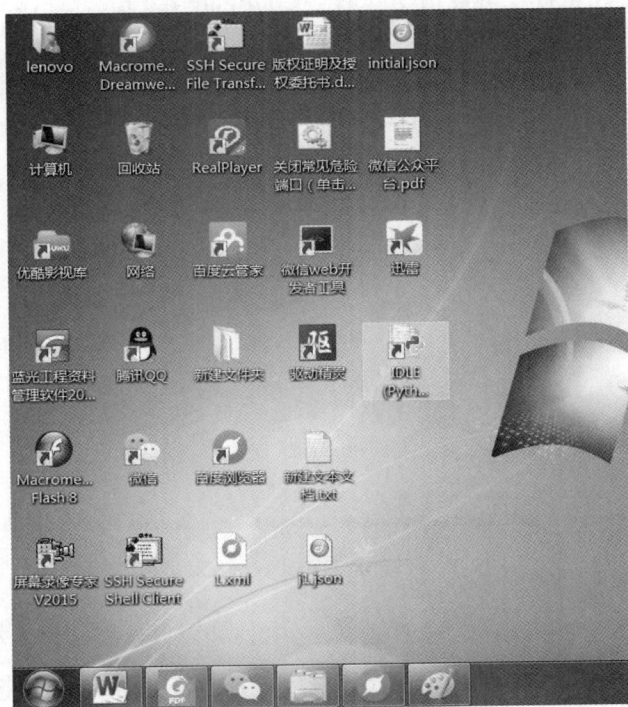

图3-5 用鼠标左键双击IDLE图标

(2) 此时会打开编程窗口，如图3-6所示，在窗口左上角显示的名字为Python 2.7.6 Shell，这就是和计算机进行交流的窗口，其中2.7.6是Python的版本号。

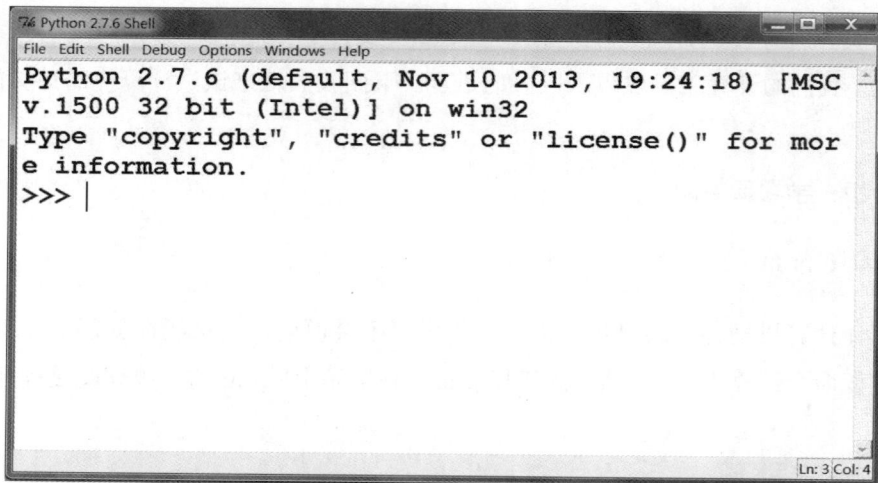

图3-6　编程窗口

(3) 编辑器中默认的字体不是很大，如果希望调大字体，可以在图3-6所示窗口上面的菜单栏中，用鼠标左键点击Options→Configure IDLE...，如图3-7所示。

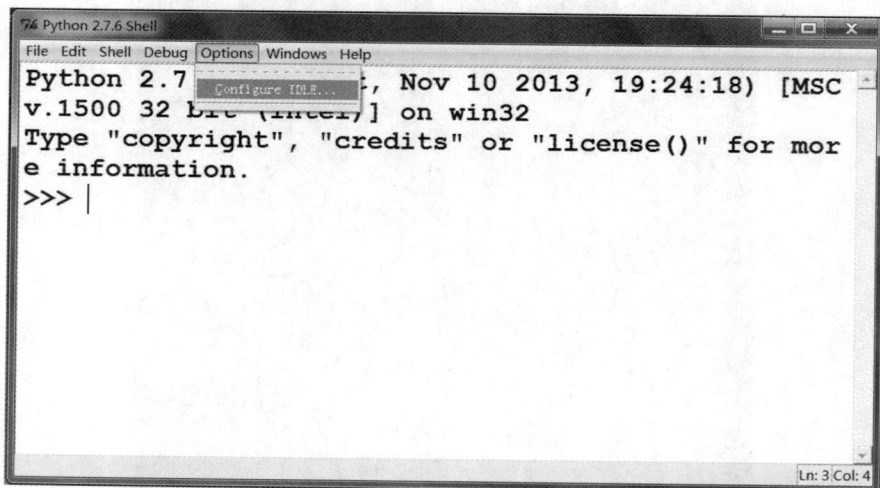

图3-7　打开IDLE Preferences对话框

(4) 在弹出的IDLE Preferences对话框中，在Size处可以选择字体大小，Bold前打钩表示加粗字体，如图3-8所示。选择好以后，先点击下面的Apply按钮，再点击Ok按钮即可。

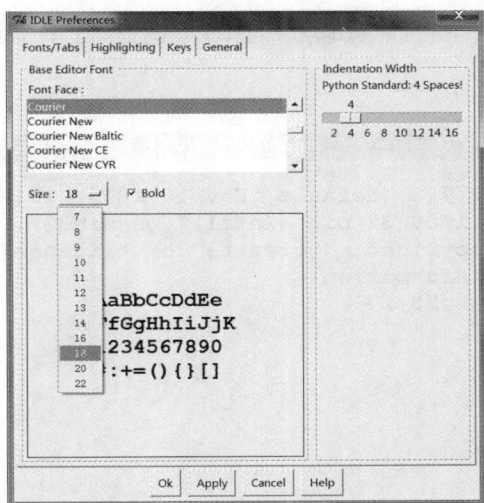

图3-8　选择字体大小

(5) 调大并加粗字体后，再点击Python 2.7.6 Shell窗口右上角的全屏按钮，就可以使窗口变大，更容易观看和保护视力。

第三步：做计算

(1) 在窗口里输入print，按一下空格键，再输入25+17，如图3-9所示。

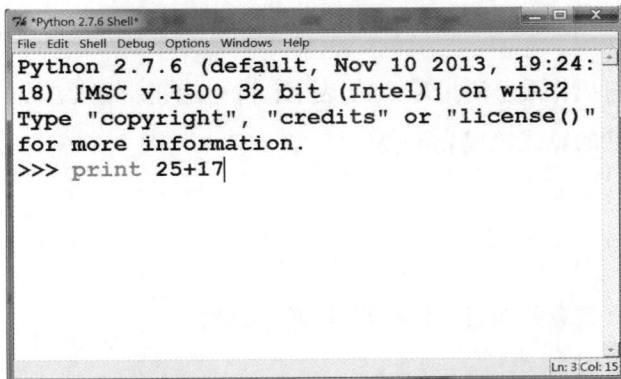

图3-9　输入命令

print这个单词在屏幕上显示为桔黄色，因为它是计算机重点关注的关键字，这类单词在计算机上会用专门的颜色突出显示。如果你把这个单词打错了，它就不会变颜色，所以这也是检查输入错误的一种方法。

(2) 输入结束后按一下Enter（回车），程序就会运行了。计算结果在下一行显示出来，如图3-10所示。

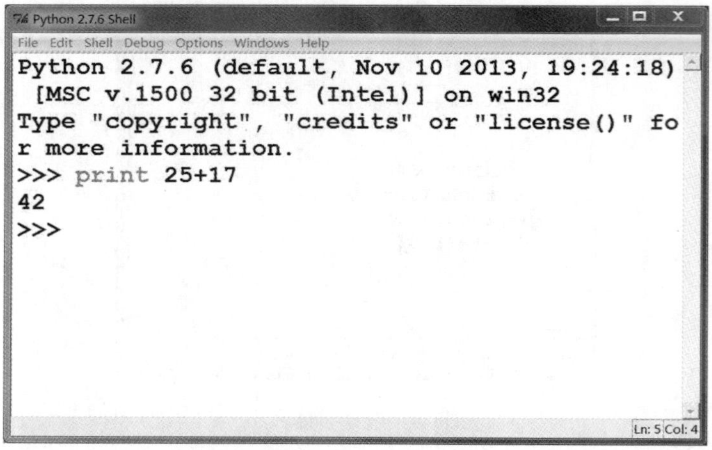

图3-10   显示计算结果42

(3) 根据图3-9，输入下面各行语句以完成各个计算式：

$$25+17 \quad 输入为：\texttt{print 25+17}$$
$$25-17 \quad 输入为：\texttt{print 25-17}$$
$$5 \times 7 \quad 输入为：\texttt{print 5*7}$$
$$25 \div 5 \quad 输入为：\texttt{print 25/5}$$

在计算机的语言里，乘号用星号（*）表示，除号用正斜杠（/）表示。因为涉及数字类型问题，不能整除的算式这里先不要计算。

第四步：试一试

你还能想出什么难算的题目，用编程计算试试吧。

第五步：闯关任务

独立打开编程工具，并编程计算23+67和67−23，看看答案是什么。

4 来给数字起名字

目标

❑ 明白计算机存储数字的方式
❑ 学会如何输入程序脚本

引言

在前面的练习中，我们曾写了一句程序**print 25+17**让计算机去计算。但是真正编程时，我们一般不会让计算机直接算数字，都是先给数字起个名字，在程序中用名字来代表数字使用。比如，我们会这样写这个程序，如代码清单4-1所示。

代码清单4-1　test4.1

```
1   a=25
2   b=17
3   print a+b
```

这三句话就是计算机语言，而且不能用我们平常的方式去理解，需要翻译一下。重点是等号（=），它在计算机语言里不是表示两边相等的意思了，而是起名字的意思，所以翻译为：第一句给25起个名字叫a，第二句给17起个名字叫b，第三句显示出a+b的结果。你是不是觉得奇怪呢？但是想一想，我们每个人不也有自己的名字吗？那么数字有名字有什么奇怪的？

当然，这么做其实另有原因，我们简单说明一下，不过你不明白下面的内容，也不影响继续阅读本书。这里要涉及计算机存储的原理，就是计算机是怎么记住我们输入的数字的。可以这样形象化理解，计算机里有个部件叫内存，程序中的数字都保存在计算机的内存里，内存就好比图4-1所示的柜子。

图4-1　用柜子解释内存

　　柜子里有很多抽屉可以放东西，当我们输入一个数字时，计算机其实是不能直接记住这个数字的；它会先打开一个抽屉，把数字放入抽屉，再给抽屉取个名字，然后把抽屉的名字与这个抽屉的位置对应上；当我们以后再提到抽屉的名字时，计算机就根据对应的位置打开这个抽屉，取出里面的数字。比如，我们输入a=25，计算机的处理过程就相当于打开一个抽屉，把抽屉的名字取为a，在抽屉里放入25，把a和抽屉位置一起记录下来。当我们后面又输入print a+b时，要用到a了，计算机根据当时记录下的位置找到抽屉，把里面的25拿出来使用。

　　所以千万不要认为=还是数学上的等于号。要特别注意，程序中的"等于号"是用==表示的。以后看计算机语言时，看到=后，就表示左边东西是右边东西的名字，而且左右不能交换，如写成25=a就不是这个意思了。

　　下面我们再介绍一下a=25的专业说法。其实你现在可以不去管它怎么说才专业，只要大概明白这个意思就行了，但是如果能用专业术语和别人进行交流，不是更有面子吗？在计算机术语里，a称为"变量"（更多内容参见附录B），那么，为什么叫"变量"呢？因为它只是代表一个抽屉，里面放什么东西是可以变的。=在计算机术语中叫作"赋值运算符"，"赋值"就是给变量确定一个固定的值。所以a=25的专业说法是：把变量a赋值为25。使用变量表示数字，可以使我们的程序变得十分强大，在后面的内容中你就会体会到这一点。

对于还不能理解上述概念的孩子，也可以简单地把a=25解释成"给'25'起个名字叫'a'"，把=理解成"就是起名字的符号"。最好不要说成"a等于25"，因为会与数学中的概念相冲突，使较小的孩子产生困惑。后面我们会使用"名字"来代替"变量"这个词，请大家注意这点。

第一步：打开编程工具

(1) 打开编辑器窗口Python 2.7.6 Shell，如图4-2所示。

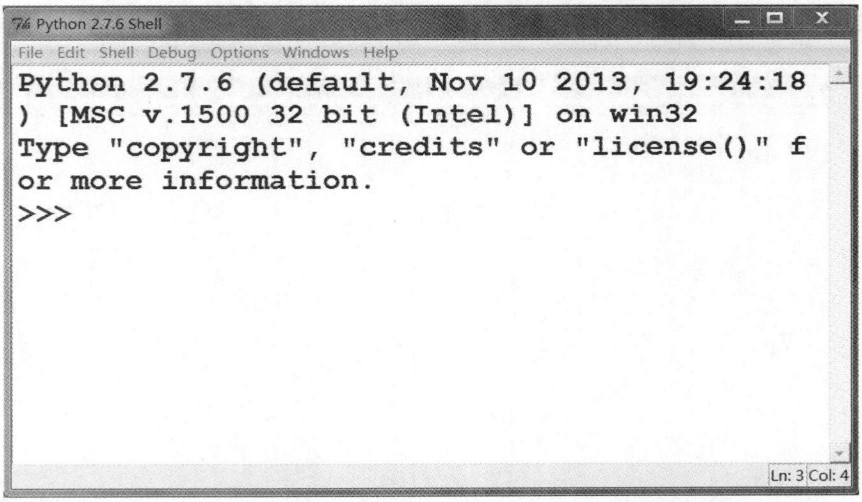

```
74 Python 2.7.6 Shell                                    _  □  X
File  Edit  Shell  Debug  Options  Windows  Help
Python 2.7.6 (default, Nov 10 2013, 19:24:18
) [MSC v.1500 32 bit (Intel)] on win32
Type "copyright", "credits" or "license()" f
or more information.
>>>
                                              Ln: 3 Col: 4
```

图4-2　打开编辑器窗口Python 2.7.6 Shell

(2) 这里我们只能一行一行地编写程序，不如一次把所有行都输入进去方便。因此，我们都会在Python 2.7.6 Shell里新开一个脚本窗口进行输入，具体方法如下：点击窗口左上角的File（文件）→New File（新文件），如图4-3所示。

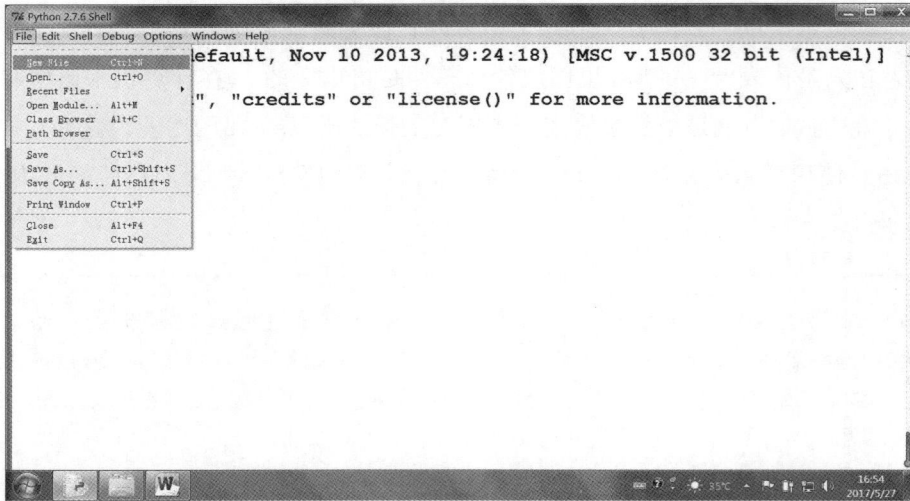

图4-3   找到新建脚本窗口命令

(3) 此时会出现一个新的空白窗口，其中左上角显示的名字为Untitled，这个词的意
思是"未命名"。整个窗口里只有一个光标在闪动，以后就在这里输入程序脚本，
如图4-4所示。

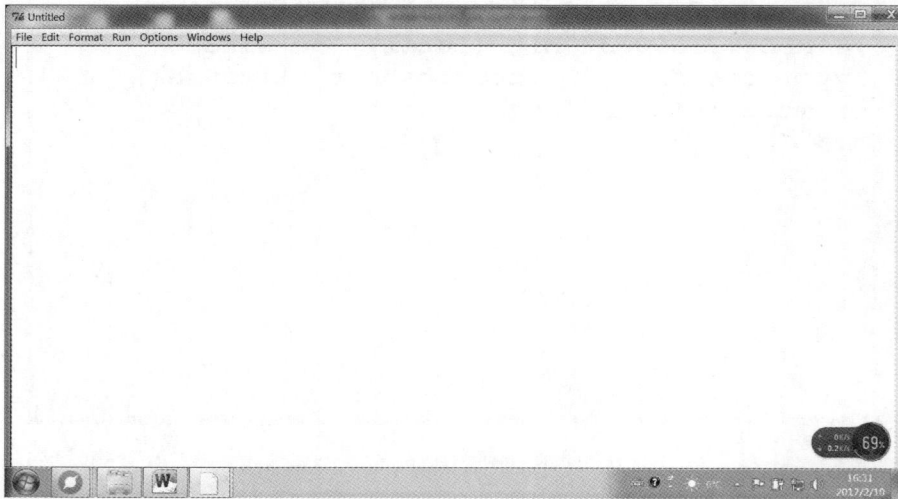

图4-4   一个新空白窗口

第二步：输入程序

把代码清单4-1所示的程序输入到打开的空白窗口中（注意：每句话前面的数字表示
代码的行号，输入时不要带入），输入完成后，结果如图4-5所示。

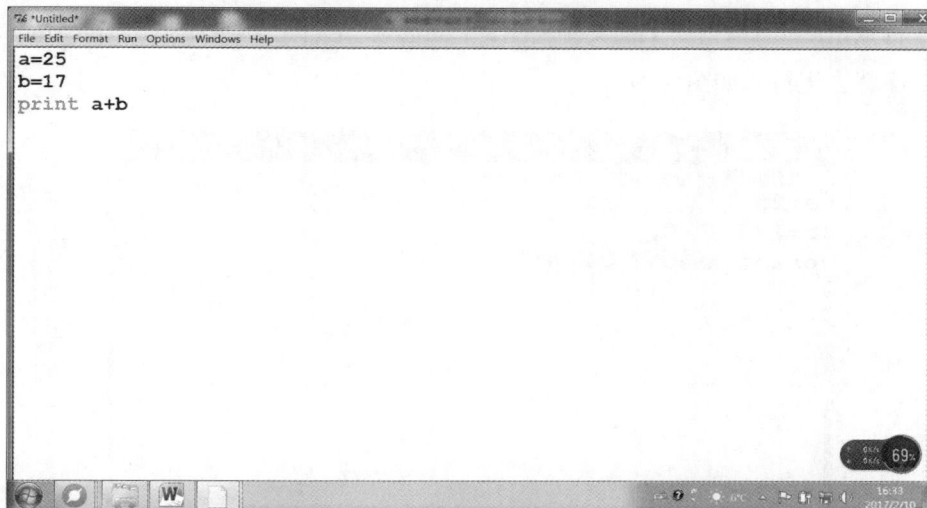

图4-5 输入test4.1

第三步：运行程序

下面我们要运行这个程序。请记住，在运行前必须先保存这个程序。

(1) 在输入程序的窗口左上角点击File→Save As。

(2) 此时会弹出"另存为"对话框，在"文件名"中输入test4.1（还记得为什么要把文件名定义为test4.1吗？因为这是第4章产生的第1个文件），点击下面的"保存"。此时这个窗口左上角的名字就变为test4.1，后面的C:/Python27/test4.1是这个文件的保存位置，如图4-6中的标题栏所示。

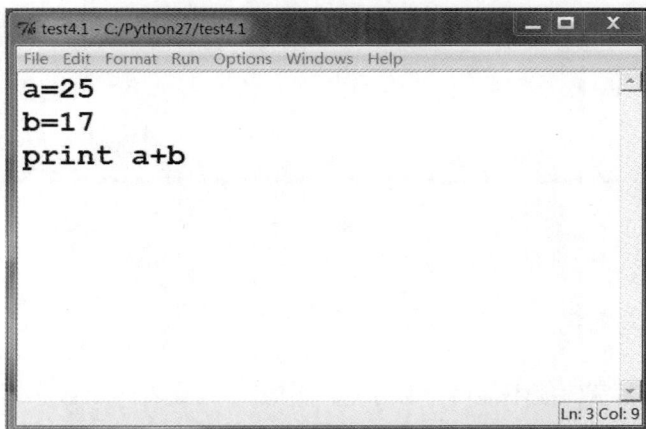

图4-6 程序test4.1的保存结果

(3) 再点击test4.1窗口中上面菜单栏里的Run选项，在下拉菜单中点击Run Module，程序就会运行，如图4-7所示。

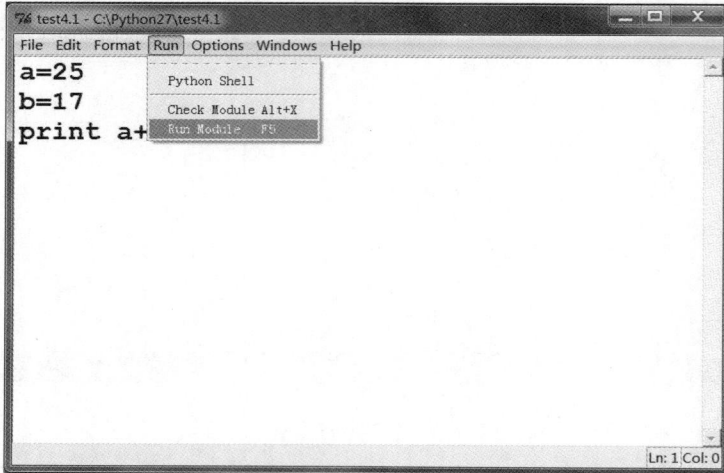

图4-7　运行程序

(4) 运行结果会显示在原来的Python 2.7.6 Shell窗口，如图4-8所示。

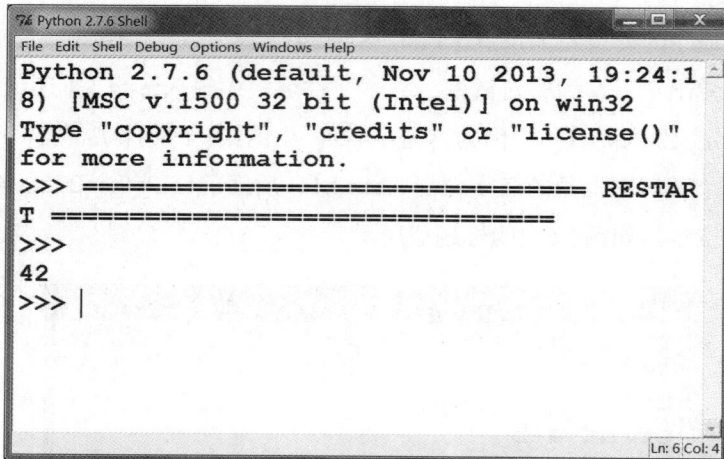

图4-8　test4.1运行结果

第四步：同名与多名

说到给数字起名字，能不能两个数字起一个名字，或者一个数字用两个名字呢？

两个数字起一个名字的情况如代码清单4-2所示。

代码清单4-2 test4.2

```
1  a=1
2  a=2
3  print a
```

请输入代码清单4-2所示的程序，把程序保存为test4.2，然后运行。

运行结果为2，解释如下。前面我们用抽屉来模拟说明计算机的内存，但实际上内存和真正的抽屉不一样，内存里面"每个抽屉"只能放一样东西，如果已经放了东西的抽屉又被放入另一个东西，那么先放的东西就会被计算机扔掉，所以a里先放入1，再放入2，前面的1就被扔掉了。可以看出，计算机不允许两个数字取同一个名字，因为这样会造成麻烦，使用名字的时候分不清到底代表哪一个数字。

一个数字用两个名字的情况如代码清单4-3所示。

代码清单4-3 test4.3

```
1  a=1
2  b=1
3  print a
4  print b
```

请输入代码清单4-3所示的程序，把程序保存为test4.3，然后运行，运行结果如图4-9所示。

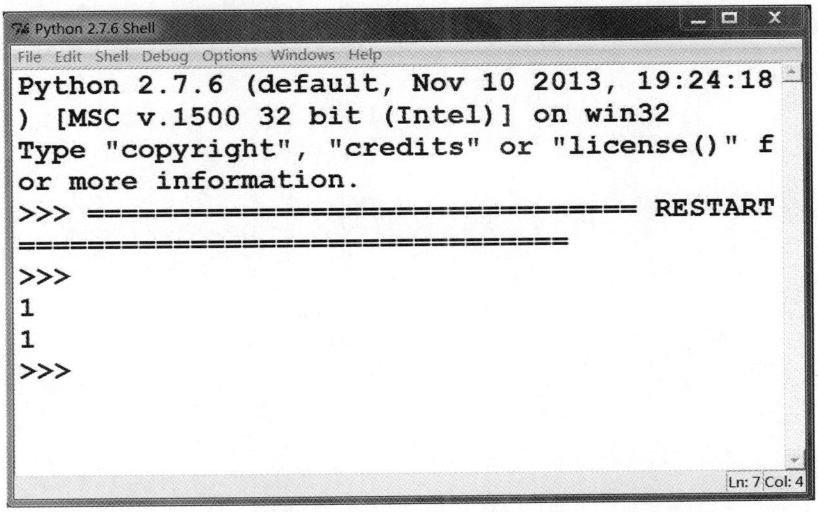

图4-9 test4.3的运行结果

可以看出，计算机允许一个数有两个名字，所以给1取名为a后，再给1取名为b也没有问题。这不会产生矛盾，因为使用任意一个名字时，仍能唯一确定代表哪个数字。

因为现在的主要目的是让读者明白变量的含义，所以对变量赋值的说明做了简化处理。如果想深入了解不同类型语言的赋值操作，需阅读相应的专业图书。

第五步：闯关任务

独立打开编程工具的脚本窗口，用起名字的方式编写一个程序，计算出23+67和67-23的值。保存为test4.4，并运行查看结果。

5 培养优秀服务员

目标

❑ 认识程序的输入语句

引言

如图5-1所示，我们也可以把计算机看作贴身服务员，只要我们下命令让它进行某项计算服务，它就会飞快地去完成，从不偷懒耍滑。

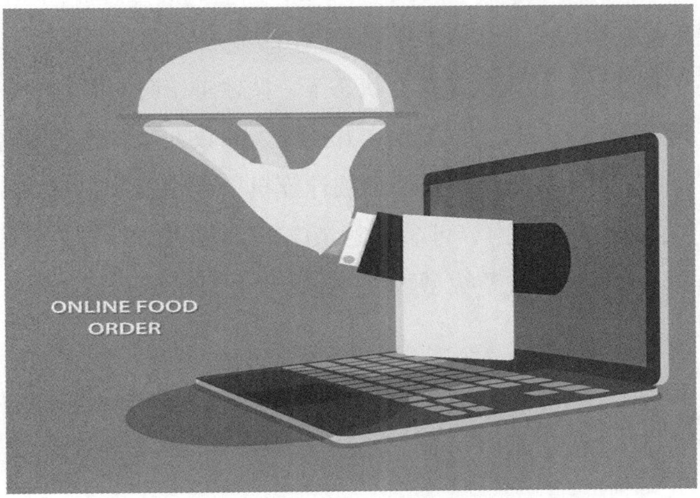

ONLINE FOOD ORDER

图5-1　计算机就像"贴身服务员"

我们在生活中也见过很多优秀的服务员，他们在服务时都遵守一项重要的标准，就是在服务前一定要先问清楚客人的需求，然后按照客人的要求进行服务。和他们相比，你是不是感觉计算机在这方面做得不是很好？因为它只干活不交流，让人感觉冷冰冰的，而且它只是按照一个固定的程序去执行，如果我们的想法变了，也没法告诉它跟着改变。所以，我们要将计算机培养成为一名优秀的服务员，就要让计算机学会"先交流再干活"的做事方式。

上一章我们编写过一个加法程序test4.1，那时先让**a=25**，**b=17**，然后再计算它们的和，现在改写一下这个程序，变成让计算机先问我们**a**、**b**这两个名字表示数字几，再进行计算。

第一步：学习新单词

新单词：raw（生的）、input（输入）、int（整数）。

第二步：学习输入语句

代码清单5-1　输入语句示例

```
a=raw_input()
```

如代码清单5-1所示，使用**raw_input()**，就可以实现计算机问话的功能，把**raw**和**input**用下划线连起来为**raw_input**（意思是：生的输入，其实是指没有处理过的输入）。"_"这个符号为下划线，在输入法为英文状态下，按住Shift键的同时按减号键就出来了。执行该命令时，计算机会等待你输入数据，并把输入的数据命名为**a**。需要注意的是，使用**raw_input()**时，输入的任何数据都会被计算机当作字符串。什么是字符串这个问题涉及数据类型的概念（更多内容可参见附录C），而要进行计算，我们必须使用数字类型的数据，所以要把a转换成整数型数据，这里使用**int()**进行转换，如代码清单5-2所示。

代码清单5-2　将a转换成整数型数据

```
a=int(a)
```

这句代码的意思是把a的值转换成整数类型后，还命名为**a**。

第三步：编写程序

使用**raw_input()**，把test4.1里算加法的程序改写后，新的程序如代码清单5-3所示。

代码清单5-3 test5.1

```
1    a=raw_input()
2    a=int(a)
3    b=raw_input()
4    b=int(b)
5    print a+b
```

这样改写后，计算机就会先问我们a是什么数字，再问b是什么数字，然后才做加法。

第四步：输入程序

打开编程工具，点击菜单栏的File→New File，按照代码清单5-3输入程序，点击File→Save As，保存为test5.1，然后点击Run→Run Module，运行程序。这时，Python 2.7.6 Shell窗口内的光标一闪一闪的，表示在等待我们输入数据，请先输入一个数**25**，然后回车，表示输入结束；光标在下一行又一闪一闪的，等着输入第二个数据，输入**17**后再回车，程序就出结果了，如图5-2所示。

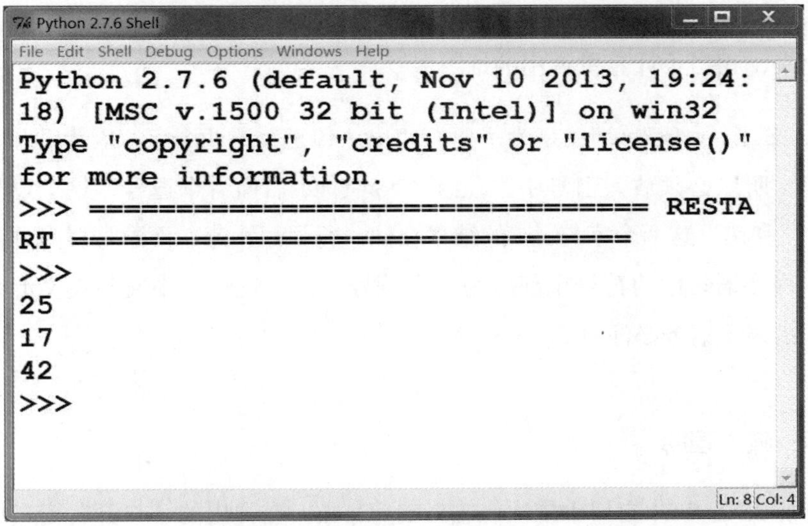

图5-2 运行结果

这个程序可以输入任意两个数字来做加法计算，在test5.1窗口中，再次点击Run→Run Module来运行一遍程序，然后输入你想要的数字即可。现在，程序所实现的加法功能是不是就灵活方便多了？

🎬第五步：改进程序

在上面的程序中，计算机确实在问话了，但你是不是感觉计算机没有礼貌，也不把话说清楚，就那么一闪一闪地等着。如果是别人见了，肯定不知道计算机想问啥。所以我们还要让计算机问出具体的话来，使大家都能明白计算机的意思。此时我们可以把刚才输入的程序test5.1改写一下，如代码清单5-4所示。

代码清单5-4　test5.2

```
1    a=raw_input("输入第一个数")
2    a=int(a)
3    b=raw_input("输入第二个数")
4    b=int(b)
5    print "和是",a+b
```

大家可以看出，这里只是在test5.1的语句里加入一些文字内容，下面说明一下这些内容的作用。

第1句，**raw_input**后面的空括号变成"**("输入第一个数")**"，引号中的文字会被计算机显示出来，相当于计算机说出的话。

第5句，多了"**"和是",**"，是为了要打印出"和是"这两个字。因为"和是"这两个字是字符串，所以必须放入引号中。注意"**"和是"**"后面有个逗号，这个逗号有特别的作用，即让"和是"这两个字与**a+b**的结果在同一行显示出来，而逗号自身并不会显示出来。注意，程序语句中的符号全部应为英文符号，由于这里是中文与英文混杂输入，特别容易产生错误，请务必注意。

🎬第六步：输入程序

在Python 2.7.6 Shell窗口中依次点击File→Open，在弹出的"打开"窗口中，在"文件名"内输入test5.1，点击"打开"按钮，即可打开程序test5.1。请将其改成代码清单5-4所示的程序，另存为test5.2。保存时可能会出现提示框，如图5-3所示，这是Python对中文识别时出现的问题，可以不管，直接点Ok按钮即可。

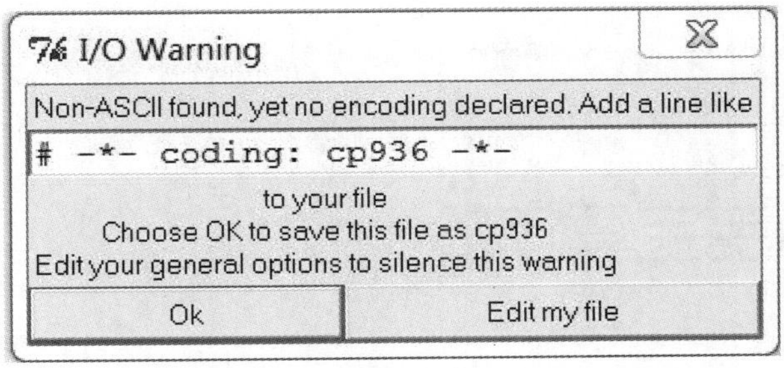

图5-3 中文输入警告框

接着使用Run→Run Module运行程序test5.2，此时计算机先显示出"输入第一个数"，输入25，回车确认；计算机又显示出"输入第二个数"，输入17，回车确认；最后显示"和是42"，如图5-4所示。是不是这样和计算机交流起来感觉清楚明白多了？现在计算机就成为一名优秀的服务员了。

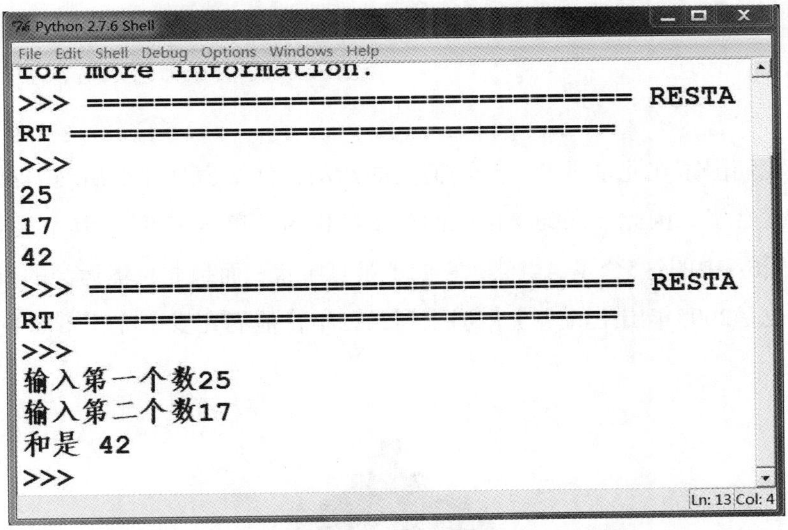

图5-4 test5.2的运行结果

第七步：闯关任务

使用raw_input()编写一个能算3个数相加的程序，命名为test5.3，并运行来验证一下。

6 奥运宝宝算年龄

目标

□ 明白+和=两个运算符的优先顺序
□ 明白注释的写法及作用

引言

2008年我们国家在北京举办了一场盛大的活动，你知道是什么活动吗？当然是2008年的北京奥运会了。因此，2008年出生的孩子被称为"奥运宝宝"，其中最著名的5个奥运宝宝就是图6-1中的这5个了。当然，它们不是真宝宝，而是北京奥运会的吉祥物。我们就认为它们也是2008年出生的宝宝，那么到2015年，他们几岁了呢？下面我们让计算机来算一下。

图6-1 奥运宝宝

第一步：学习新单词

新单词：age（年龄）。后边我们用age作为奥运宝宝年龄的名字。

第二步：找出算法

计算机的厉害之处只是计算速度很快，但是它不能思考出计算问题的方法，所以我们要把计算这个问题的方法告诉它。那么，计算这个问题最简单的方法是什么呢？因为奥运宝宝在2008年出生，所以这一年他的年龄定为0岁，以后每过一年就要加一岁，加到2015年就得到答案了。

第三步：编写程序

怎么用计算机的语言把上面的方法告诉它呢？图6-2列出了具体过程。

序号	年份	计算机语句
第1句	2008	age=0
第2句	2009	age=age+1
第3句	2010	age=age+1
第4句	2011	age=age+1
第5句	2012	age=age+1
第6句	2013	age=age+1
第7句	2014	age=age+1
第8句	2015	age=age+1

图6-2　年龄的计算过程

我们需要对图6-2中的两个地方重点说明一下。

首先，我们看一下age=age+1这句话的意思。这里不是age等于age+1，因为前面介绍过，在计算机语言中=是赋值运算符，而且可以看作取名符号。现在需要进一步说明的是，=、+这些符号都为运算符，程序中运算符的执行顺序是有严格规定的。也就是说，计算机见到同一句话里有多个运算符时，一定从优先程度高的运算符开始执行（更多内容参见附录D）。+这个运算符的优先程度高于=，所以在这个式子中会先执行+操作，再执行=操作，因此age=age+1这个命令，是先计算age+1，再把age+1的结果命名为age。

其次，名字的取值以最新值为准。宝宝年龄的名字是age，它的值是可变的。图6-2里有许多个age，如何确定语句中每个age的值是多少呢？请记住，名字会取最新的值，比如计算机执行程序中各语句时，是有先后顺序的：先执行第一句，再执行第二句，再执行第三句……

第1句age=0执行完，age的新值为0。

第2句age=age+1的执行过程如下。

(1) 先执行age+1，这时age的值是第一句确定的，为0，因此此句即0+1，得出的结果为1。

(2) 再执行age=1，这时age最新的值就是1了。

第3句age=age+1的执行过程不变，age最新的值就是2了，以后各句的情况以此类推，第8句执行完成后，age的最新值就是7了。

如果把这个过程编成程序，最后再把奥运宝宝的年龄打印出来，则如代码清单6-1所示。

代码清单6-1　　test6.1

```
1   age=0          #2008年
2   age=age+1      #2009年
3   age=age+1      #2010年
4   age=age+1      #2011年
5   age=age+1      #2012年
6   age=age+1      #2013年
7   age=age+1      #2014年
8   age=age+1      #2015年
9   print age
```

每行后面带的#为注释符号，其后面的内容用来说明写这句程序是做什么用的。加入注释是为了使别人容易看懂我们的程序，并使自己以后再来看这段代码时能明白当初的意思，所以写代码时加入注释是非常重要的事情。计算机遇到#这个符号时，不会去执行它后面的内容。注释应该写得尽量简洁，但又能让人明白其含义。

需要说明的是，在后面的代码清单中，为了方便读者理解程序，加入了一些中文注释，读者在输入时不需要输入这些注释。如果你想在代码中也加上中文注释，最好在代码第一行加入一句：# -*- coding:UTF-8 -*-。

第四步：输入程序

打开Python编程工具，输入代码清单6-1所示的程序，保存为test6.1并运行，结果就会显示为7。

第五步：思考总结

在计算奥运宝宝的年龄时，我们把这个问题分成好几个小步骤去完成，而且每个小步骤都干同样的事。再看一下程序test6.1，是不是这个样子？这就是计算机工作时最喜欢用的方法。

第六步：闯关任务

请根据上面的思路进行编程并算出下题。也许你觉得这根本没必要使用程序，但是我们才刚开始，从简单的例子开始练手总是好的。

有一个5层的金字塔，如图6-3所示，最上面的一层有一块石头，请问最下面的一层有几块石头？

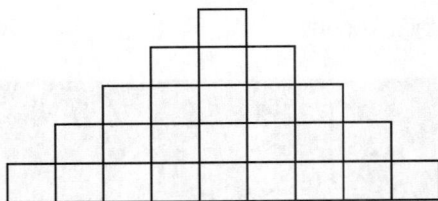

图6-3   5层金字塔

7 发现循环的秘密

目标

- ❑ 明白循环的概念
- ❑ 认识程序的循环结构
- ❑ 学会使用循环参数改变循环次数

引言

你知道图7-1中运动员在进行什么比赛项目吗？是万米长跑，运动员要在图7-2所示的400米跑道上跑25圈，才能跑完10000米。

图7-1　万米长跑

图7-2　400米跑道

我们把一遍又一遍做同样的事叫"循环"，每做一遍，就称为"完成一次循环"。这样一圈又一圈的跑步就像是循环，运动员跑完一圈就是完成一次循环，跑完10000米需要25次循环。我们人类不喜欢循环，因为一遍一遍做同样的事很快就会厌倦，而计算机最喜欢循环，同样的事情干再多遍它也不烦，照样飞快地完成。下面我们就让计算机来做循环。

第一步：学习新单词

新单词：for（对于）、in（在什么里面）、range（范围）。

第二步：学习循环语句的写法

看看代码清单6-1，我们上次输入的程序是否就是在做循环呢？像这样，按计算机喜欢的方法干活，我们就不舒服了，比如要输入这么多遍age=age+1，真烦人啊。这怎么办呢？其实在计算机语言中有个循环结构，使用这个结构，再多的循环次数也只需要两三行的语句，就能让计算机执行完，下面我们就用循环结构来完成这么多遍的**age=age+1**。先数数这个程序里**age=age+1**循环了几次？是7次，那么循环7次**age=age+1**的语句如代码清单7-1所示。

代码清单7-1   循环执行7次age=age+1

```
1  for i in range(1,8,1):
2      age=age+1
```

第1句中，**for**用来指定这句是循环命令，**i**叫作循环变量，**range**后括号内的数字称为循环参数，最后面还有个冒号。该语句的结构如图7-3所示。

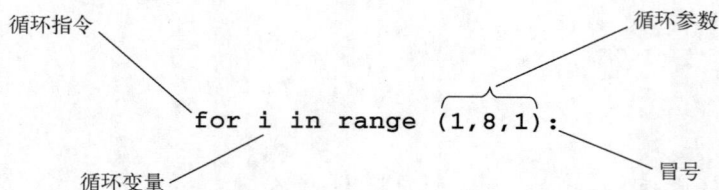

循环指令　　　　　　　　　　　　　　　循环参数

$$for\ i\ in\ range\ (1,8,1):$$

循环变量　　　　　　　　　　　　　　　冒号

图7-3　语句结构

该句中**i**变化几次，第2句**age=age+1**就会执行几次，且循环变量**i**的变化次数由循环参数决定，所以需要重点理解循环参数的含义。循环参数里有3个数字，用逗号隔开：第一个数字是循环变量**i**开始时的取值；第二个数字是**i**取值的界限，这个界限是**i**不能到达及超过的；第三个数字是**i**每次变化的增加量。该句的具体含义如图7-4所示。所以，(1,8,1)就指定了**i**先变为1，然后**i**每次增加1，但**i**始终要小于8，所以**i**依次变成的数是1、2、3、4、5、6、7，然后就不能变了。**i**从变为1到变为7，变了7次，因为第一次变为1也算一次。由此可得，程序循环的次数就为7次。

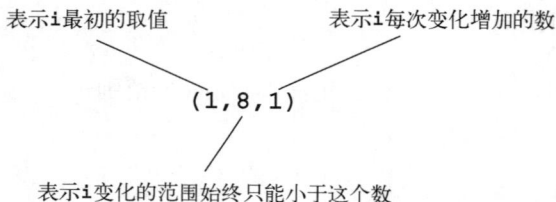

表示**i**最初的取值　　　　　　表示**i**每次变化增加的数

$$(1,8,1)$$

表示**i**变化的范围始终只能小于这个数

图7-4　循环参数解释

当**range**后的括号中最后一个数为1时，循环次数就可以用8−1=7来简单计算。当最后一个数是2时，比如(1,8,2)就不能用8−1来计算循环次数了，为什么呢？如果改成(1,8,2)，循环次数应该是几次？

第2句的**age=age+1**比正常句子要向右缩进4格，简单理解是：该句从属于**for**开头的第一句，要按**for**语句指定的次数循环执行；如果不缩进，就会被认为不从属于**for**语句，也就不会循环执行了。

缩进4格并不是具体规定，只是惯例做法，不过已经约定俗成了。

最后再强调一下，**for**语句最后有个英文冒号"**:**"，这个符号千万不要忽略了，而且有了"**:**"后，再按Enter键（回车）换行，编程工具中下一行的光标会自动向右缩进4格。

第三步：编写程序

用循环结构计算奥运宝宝年龄的完整程序如代码清单7-2所示。

代码清单7-2　test7.1

```
1    age=0
2    for i in range(1,8,1):
3        age=age+1
4    print age
```

在代码清单7-2中，第2句和第3句组成了循环体，程序前面的线条用来说明这个程序中语句的执行过程，也就是反复执行第2句和第3句。直到执行**for**语句时发现，**i**不小于8时就不再执行这个循环体了，转而执行循环体后的第4句。注意，输入第4句时，要先把光标移到最左端，因为这句不应该参加循环，所以不能放入循环体中。

如果某条语句下面带有若干条缩进的语句，该语句及其所带的缩进语句合起来称为一个"程序块"。如代码清单7-2所示，第2句和第3句就组成了一个程序块。

第四步：输入程序

输入代码清单7-2所示的4条语句，保存为test7.1并运行。

第五步：修改程序

到2020年，奥运宝宝几岁呢？你能不能改一下程序test7.1里的循环参数，把这个**age**值算出来？

第六步：闯关任务

用循环的方法，重新编写第6章中图6-3金字塔题目的解答程序。

8 敢和高斯比赛吗

目标

☐ 认识循环在计算中的作用

引言

你知道图8-1里的人是谁吗？他叫高斯，出生在距今200多年前的德国，他可是历史上最重要的数学家之一，以他的名字命名的成果就有110个，所以他有着"数学王子"的美称。有一个关于他的小故事流传世界，说的是他才上小学的时候，有一次老师上课累了，就布置了一道题目让学生们去算：1+2+3+…+99+100（即从1开始，一直加到100）。老师布置完作业后想，这下能休息一大段时间了。可是没过几分钟，高斯就举手说算完了，老师让他报出答案，完全正确！老师不相信他能算这么快，就让高斯到黑板上去算一遍。原来高斯不是一个数一个数慢慢加起来的，而是如图8-2所示，把第一个数1和最后一个数100加起来得到101；再把第二个数2和倒数第二个数99加起来得到101，这么逐渐相加，每次都得到101，最后加到50和51时所有的数都加过了，这样也容易看出一共加了50次，所以答案就是50个101，即5050。

图8-1 数学家高斯

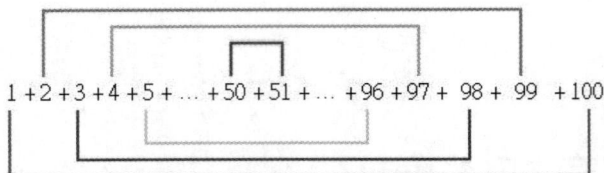

图8-2　高斯的解题过程

　　高斯用了一种聪明的方法，很快就算出了这么"麻烦"的计算题。不过，如果当时你也在课堂上，只要你带着一台计算机，可能比高斯算出来的还快呢。下面我们就来看看怎么让计算机解决这样的题目，依然使用循环。刚开始我们先把题目变得简单些，让计算机计算如图8-3所示的题目。这道题也不好算吧，而且看上去也不像循环啊，因为每次加的数都不一样。但是，我们能把这道题的计算过程变成循环。

$$1+2+3+4+5+6+7=?$$

图8-3　计算题目

第一步：找出循环

　　我们先把题目中存在的循环找出来。前面已经说过，循环就是一遍遍地做同样的事。来看图8-3，在这个计算式中，要算好多次加法，而且每个+后面的数都是前面的数加1得到的。因此，这个题目的计算过程可以分解为两个循环：一个是加法循环，就是一遍一遍地做加法；一个是数字加1的循环，就是做加法的数字不断加1。具体过程如下：把这些相加的数字1~7称为操作数，每次都用a作为操作数的名字，题目中第一个操作数是1，所以开始a=1，把每次加法得到的和命名为x，刚开始，在一个加法也没做之前，x自然就是0，然后x不断加上a，a不断加1，其循环过程如图8-4所示。大家可以在纸上按照这个顺序加一遍试试，是不是循环7次后，x就等于1+2+3+4+5+6+7的结果了？

	x=0	a=1
i=1	先让x=x+a	再让a=a+1
i=2	先让x=x+a	再让a=a+1
i=3	先让x=x+a	再让a=a+1
i=4	先让x=x+a	再让a=a+1
i=5	先让x=x+a	再让a=a+1
i=6	先让x=x+a	再让a=a+1
i=7	先让x=x+a	再让a=a+1

图8-4　循环过程

第二步：编写程序

这样循环进行的工作更对计算机的"胃口"，下面我们把程序编写出来，如代码清单8-1所示。

代码清单8-1 test8.1

```
1   x=0
2   a=1
3   for i in range(1,8,1):
4       x=x+a
5       a=a+1
6   print x
```

第三步：输入程序

输入代码清单8-1中的程序，保存为test8.1，然后运行。

第四步：修改程序

有了这个程序，我们就可以和高斯比比计算速度了。现在我们要算1+2+3+4+…+100，只需要改动程序中的一个地方。你知道改哪里吗？我们加到7，循环了7次，所以代码清单8-1中第3句的循环参数为(1,8,1)。要加到100，就要循环100次，所以就要改成(1,101,1)。下面请你把test8.1进行这样的修改，然后保存为test8.2并运行吧。

第五步：闯关任务

图8-5中左图是一个国际象棋的棋盘。据说，古代有个人发明了国际象棋，国王非常喜欢下国际象棋，于是想重赏这个发明人，就让他自己提出要多少麦子，发明人说：棋盘上面一共有64个格子，第一个格子里放上1粒麦子，第二个格子里放上2粒麦子，第三个放4粒，第四个放8粒，也就是说每个格子都是上一个格子中麦子数量的2倍，放完所有格子后，整个棋盘上总共有多少粒麦子就奖励我多少吧。那么，总共会有多少粒呢？请编程帮助国王进行计算吧。

图8-5　棋盘与麦粒

9 与循环讲条件

目标

☐ 认识条件循环语句
☐ 能够修改循环控制条件

引言

上次用**for**循环语句计算了**1+2+3+4+5+6+7**，这种方法因为必须事先知道会循环多少次才能编写出来，所以称为"计数循环"。但生活中有许多事情事先不知道会循环多少次，比如餐桌上有一盘饼干（如图9-1所示），你拿了一块来吃，吃完了又拿了一块，吃完又拿了一块，一次又一次地循环着，最后会循环多少次呢？你事先也不知道吧，但可以肯定的是，你吃饱了就不会再"循环"了。因此，"还没吃饱"就是还要循环的条件。像这样，开始不知道循环次数是多少，但是只要符合条件就会继续下去的称为"条件循环"。我们在程序中也可以和循环讲条件，就是用条件控制循环是否进行，下面试一下吧。

图9-1 "循环"吃饼干

第一步：学习新单词

新单词：while（当……时）。

第二步：条件循环的写法

我们再看一遍用for语句计算1+2+3+4+5+6+7的程序，如代码清单9-1所示。

代码清单9-1　使用for语句的程序

```
1  x=0
2  a=1
3  for i in range(1,8,1):
4      x=x+a
5      a=a+1
6  print x
```

已知这个程序中循环体的控制语句是第3句，它决定了会循环多少次。要改成条件循环，只要把控制语句换成用条件来控制即可。因为1+2+3+4+5+6+7这个式子中，循环进行下去的条件是：操作数小于8。操作数是用a表示的，所以把循环的控制语句改成while a<8，其余各句都不变即可，程序如代码清单9-2所示。

代码清单9-2　test9.1

```
1  x=0
2  a=1
3  while a<8:
4      x=x+a
5      a=a+1
6  print x
```

只要满足条件a<8，第3句~第5句组成的循环体就会循环执行下去。

第三步：输入程序

输入代码清单9-2所示的程序，保存为test9.1，然后运行。

第四步：修改程序

请修改test9.1的程序，算出1+2+3+…+100。

第五步：闯关任务

　　如果餐桌上的饼干非常好吃，你第一把拿了1块，第二把拿了2块，第三把拿了3块，即每次都比上次多拿1块。但是吃到30块就饱了，请问你吃饱时，总共从桌上拿起了多少块饼干？提示：控制循环进行的条件是拿的总块数小于30。

10 程序里面走迷宫

目标

□ 认识程序的分支结构

引言

如图10-1所示，有只小老鼠要穿过迷宫才能吃到奶酪，在走迷宫的过程中小老鼠遇到的最大难题就是做判断。它要在每个路口分岔处判断该进入哪条路，只有每次都判断对了，才能吃到美味的奶酪。你知道小老鼠真的很聪明吗？科学家曾经做过这样的实验，把一只小老鼠放在迷宫入口，把一个奶酪放在迷宫出口，小老鼠闻到奶酪的香味，就会进入迷宫，最后吃到奶酪时实验结束。科学家会重复进行多次实验，刚开始的几次中小老鼠会走错路，但是再往后，每次都能准确无误地沿着正确路线走出去。在我们的程序里也有迷宫，也需要我们正确判断出程序执行的路线，这个所谓的"迷宫"就是程序的分支结构。这种结构会在程序中产生几条程序执行的岔路，需要根据条件判断应该进入哪条分岔。下面我们就和小老鼠比试一下，看谁走迷宫的能力强。

图10-1　小老鼠要穿过迷宫才能吃到奶酪

第一步：学习新单词

新单词：if（如果）、else（否则）。分支结构使用的最基本语法是：**if…else…**。

第二步：认识分支结构

有一个分支结构如代码清单10-1所示：如果a>b，就显示"向左"；否则（即a≤b），就显示"向右"。这里有两个分支路径，而且实际执行时只能经过一个路径，即要么显示"向左"，要么显示"向右"。符合哪个分支的条件，程序就进入哪个分支，没进入的分支不会执行。

代码清单10-1　分支结构

```
1   if a>b:
2       print "向左"
3   else:
4       print "向右"
```

第三步：编写程序

下面我们来编写一个程序。如代码清单10-2所示，执行这个程序会先要求你输入两个数字，然后它根据这两个数字的大小显示"向左"或者"向右"。

代码清单10-2　test10.1

```
1   a=raw_input("输入a")
2   a=int(a)
3   b=raw_input("输入b")
4   b=int(b)
5   if a>b:
6       print "向左"
7   else:
8       print "向右"
```

上面程序的执行过程你看明白了吗，是不是就像走迷宫一样？其中会有分岔路口，要根据条件判断进入哪个路口才是对的。

第四步：输入程序

输入代码清单10-2所示的程序，保存为test10.1，然后运行。

试一试：请再次运行并改变**a**和**b**的输入数字，看看结果会如何变化。

第五步：编写一个实用程序

分支结构使计算机有了判断能力，这能解决许多实际问题。比如，你告诉计算机小孩大于6岁能上小学，不大于6岁就不能去上小学，只能上幼儿园。当小孩很小时，可能还没上幼儿园，但是我们不给计算机讲那么多。然后，只要告诉他一个小孩几岁了，它就能判断这个小孩上没上小学。程序如代码清单10-3所示。

代码清单10-3　test10.2

```
1  age=raw_input("小孩年龄")
2  age=int(age)
3  if age>6:
4      print "你上小学了"
5  else:
6      print "你上幼儿园"
```

第六步：输入实用程序

输入代码清单10-3所示的程序，保存为test10.2，然后运行。请输入孩子的年龄，看看计算机的判断对不对。

第七步：闯关任务

当我们过了18岁的时候，就被认为已经成人了，成人以后就应该独立完成自己的工作，并要对自己做的事情负起责任来。请编一个程序，使之能够根据输入的年龄判断一个人是不是成年人。

11 程序里面找套娃

目标

❏ 认识程序里的嵌套

引言

我们都见过套娃（如图11-1所示），就是在大娃娃里可以套着小娃娃。程序里面也有"套娃"，当然正式的叫法是"嵌套"。嵌套就像套娃一样，把程序结构一层层地套起来使用。比如，我们前面用过的**for**语句、**while**语句这两个循环结构，还有**if...else...**这个分支结构，都可以互相嵌套使用，形成程序里的"套娃"。我们现在就去把程序里的"套娃"找出来吧。

图11-1 套娃

第一步：学习新单词

新单词：true（真）、false（假）。

第二步：找出"套娃"

在代码清单11-1所示的程序中，我们用 **if…else…** 分支结构完成了一个功能，就是检查一个数是否大于 **4**，并且小于 **8**，符合条件就显示 **true**，否则显示 **false**。你能从这个程序中找出像"套娃"的地方吗？是不是有两个 **if…else…** 语句存在，灰色背景内有一个 **if…else…** 语句，这个语句本身又是另一个 **if…else…** 语句内的语句。像这样一个 **if…else…** 语句里面又存在一个 **if…else…** 语句的情况，就是"嵌套"。你看一下，是不是就像一个"套娃"啊？

代码清单11-1   test11.1

```
1    x=raw_input("x:")
2    x=int(x)
3    if x>4:
4        if x<8:
5            print "true"
6        else:
7            print "false"
8    else:
9        print "false"
```

第三步：输入程序

输入代码清单11-1所示的程序（注意同一层的 **if**、**else** 要左端对齐），保存为test11.1，然后运行，在 **x:** 后输入数字试一下。

第四步：用程序打印个小图形

我们再做个练习，比如打印出如图11-2所示的小图形。

\# * \# * \#

图11-2   打印输出的小图形

程序如代码清单11-2所示。

代码清单11-2　test11.2

```
1  for i in range(1,6,1):
2      if i%2==0:
3          print "*",
4      else:
5          print "#",
```

这是在**for**循环语句里嵌套了一个**if...else...**语句，因为图11-2由5个符号组成，所以要循环打印5次。每次循环都要判断是奇数位还是偶数位：如**1**、**3**、**5**为奇数位，就打印**#**，**2**、**4**为偶数位，就打印*****。判断的方法是看位数除以2的余数是否为0，奇数位除以2的余数不为0，偶数位计算后的余数为0。**for**语句中用来控制循环次数的循环变量**i**也能在循环体内使用，这里就是用**i**来表示位数。求余数的运算符为**%**，**i%2**的结果就是**i**除以2的余数。因为**i**在这个循环中分别为1、2、3、4、5，这样就依次判断了各位数的奇偶性。注意，等于号要用"**==**"，第3句和第5句最后面的逗号（**,**）的作用是保证打印时不换行。

第五步：输入程序

输入代码清单11-2所示的程序，保存为test11.2，然后运行。

第六步：闯关任务

请使用嵌套的形式，编写一个可以把1~10内所有偶数显示出来的程序。

12 书山有路勤为径

目标

❏ 认识可以多次判断的分支语句

引言

人类社会发展到现在，已经积累了丰富的知识，为了学会这些知识，我们要在学校里学习很长的时间，认真勤奋地学习各门功课，逐步成为一个有学问的人。有句古诗说的就是这个意思："书山有路勤为径。"上学就像在爬一座"书山"，这座山由书本堆成，如图12-1所示。小学、中学、大学就像山上的一个个台阶，只有爬过这些台阶，我们才能登上知识的山顶。一般情况下，大家都是6~12岁上小学，13~15岁上初中，16~18岁上高中，19~22岁上大学。那么，如果知道一个孩子的年龄，计算机能不能判断出他在上什么学呢？因为这里的分支多于两个，所以不能只用一次if…else…语句了。我们已经会使用程序中的嵌套了，可是这里要用到许多层嵌套，编写程序太麻烦了。幸好，有个可以进行多次判断的分支语句，可以简化处理这种情况，我们来试一下。

图12-1　上学犹如登"书山"

第一步：学习新单词

新单词：elif（"否则如果"，它相当于else、if两个词合并后组成的新词）。

第二步：认识多次判断语句

语句结构为if…elif…，示例如代码清单12-1所示。

代码清单12-1　程序示例

```
1   if age>18:
2       print "你上大学了"
3   elif age>15:
4       print "你上高中了"
```

代码清单12-1所示的程序的意思是，大于18岁时显示"你上大学了"，否则如果大于15岁，就显示"你上高中了"。"否则如果"有两层意思，第一层是"否则"，表示不符合上一个条件，即第1句的age>18；第二层是"如果"符合本句的age>15。综合起来，这个条件为18≥age>15，符合这个条件才显示"你上高中了"。

第三步：编写程序

if…elif…语句后还可以续接elif语句，进入续接的elif…分支的要求是：不满足上一个elif的条件且满足本身的条件。比如我们编一个程序，可以判断一个人在上什么学，如代码清单12-2所示。

代码清单12-2　test12.1

```
1   age=raw_input("输入年龄")        #小于22
2   age=int(age)
3   if age>18:
4       print "你上大学了"
5   elif age>15:
6       print "你上高中了"
7   elif age>12:
8       print "你上初中了"
9   elif age>5:
10      print "你上小学了"
11  else:
12      print "你还没上学"
```

可以看出，程序中各分支的进入条件为：

第3句条件　`age>18`

第5句条件　`18≥age>15`

第7句条件　`15≥age>12`

第9句条件　`12≥age>5`

第11句条件　`5≥age`

可以看出，第11句的`else`就只有"否则"没有"如果"了，且是只对第9句中条件`age>6`的否则。

第四步：输入程序

输入代码清单12-2所示的程序，保存为test12.1并运行，然后输入一个年龄。

试一试：把年龄换几次数字，检验一下程序结果是否正确。

第五步：闯关任务

如图12-2所示，假如爸爸妈妈要按照你的考试排名给你发奖励，你在班级的名次为1~10就奖励100元，名次为11~20就奖励80元，名次为21~30就奖励50元，名次再往后就奖励0元了。请编写一个程序，使得只要输入考试排名就能得出可以奖励多少元。

图12-2　按考试排名发奖励

13 做道难题试一试

目标

☐ 认识循环中断
☐ 综合运用前面的语法解决复杂问题

引言

为了让同学们了解和认识生物，学校在教室里办了一个自然角，里面种植了各种花草，并且还养了两只小乌龟！如图13-1所示，小乌龟需要食物，班里的同学就自发地捐钱给小乌龟买食物。班上一共50个小朋友，大家都非常积极地参加这个活动。第一个小朋友捐1元，第二个小朋友捐2元，第三个小朋友捐3元，即每个小朋友都比他前面的小朋友多捐了1元钱。小乌龟每天吃的很少，所以买食物的钱只要不少于100元就可以了，而且捐的钱太多的话也没法处理，所以又做了一个规定：当有一个小朋友按上面的规律捐完钱后，总钱数超过100元了，活动就停止，后面还没捐钱的小朋友就不用再捐了。那么，最后捐钱的总数是多少呢？这个问题就是问一个计算能力很强的人，他也不能很快说出答案，是不是很难？这个活还是交给计算机去干吧。

图13-1 教室里养了两只小乌龟

第一步：学习新单词

新单词：break（"中断"，它在程序中可以终止循环的进行）。

第二步：编写程序

上面这个问题转化成数学计算就是：1+2+3+4+5+6+…，一直加下去，只要总和大于100就停止，因为小朋友一共有50个，所以还要求式子里相加的数字最多不能超过50个，求最后的值是多少。程序如代码清单13-1所示。

代码清单13-1　test13.1

```
 1    sum=0      #sum表示捐钱的总数，开始为0
 2    a=1        #a表示每位小朋友的捐钱数，第一位为1元
 3    i=0        #i用于计算循环次数，开始为0
 4    while i<50:
 5        sum=sum+a
 6        a=a+1
 7        i=i+1
 8        if sum>100:
 9            break
10    print sum
```

第4句~第9句为while语句的循环结构，循环里又嵌套了第8句~第9句的if程序块。因为if…else…结构也可以单独使用if语句，所以程序进行条件判断时，经常就不带else语句了，满足if语句的条件就执行完其下程序块的内容，然后再往下执行，不满足if语句的条件就跳过其下程序块的内容，直接往下执行。所以在循环执行while语句块时，如果满足了第8句的条件，就执行第9句，第9句的**break**命令用于中断整个循环的执行。在程序的流程中，开始时sum较小，不符合第8句的条件sum>100，因此不会进入第9句；循环多次后，sum逐渐变大，一旦符合第8句的条件，就进入第9句，离开循环体，开始执行第10句。

也可能你会有疑问，如果有50个同学，循环条件不是应该为i<51吗？这是因为i从0值开始，所以当i增加到49时，一共变化了50次，程序会循环50次，所以条件i<50是正确的。在程序中，用于计数的循环变量常从0开始，与我们平常计数习惯上从1开始不同。

第三步：输入程序

输入代码清单13-1所示的程序，保存为test13.1，然后运行。

你能看明白这个程序的执行过程吗？如果能的话，说明你现在可以用程序解决这么难的问题了，应该获得表扬啊！

试一试：上面的程序中，有一个变量还可以表示捐钱停止时已经捐钱的小朋友个数，你能加入语句来显示这个变量的值吗？

第四步：闯关任务

有一天，自然角又来了一个小动物——一只小白兔，如图13-2所示。这一次大家又积极地捐钱给小兔子买食物，小兔子吃得多，得超过200元钱才够。如果大家还按上次捐钱的方法进行，你能改动上面的程序来计算出给小白兔捐的总钱数，还有捐钱的小朋友个数吗？

图13-2 自然角的新成员——一只小白兔

14 自己也能设密码

目标

❑ 掌握"等于"运算符的使用
❑ 明白**continue**的用法

引言

你一定知道"芝麻开门"这个词吧？因为"芝麻开门"是开门的咒语，所以阿里巴巴喊了这个词以后，藏宝洞的大门就会打开，如图14-1所示。现在我们在很多地方也要使用"咒语"，当然，确切地说是密码，取钱要银行卡密码，打开保险柜要密码锁密码，特别是使用计算机的时候，很多地方都要你输入密码。

图14-1 咒语"芝麻开门"

那么，软件中的密码是怎么工作的呢？其实原理很简单，我们自己也可以编一个小程序实现密码功能。比如别人询问你的名字，你不想直接说出来，就可以设一个密码，先要答对了密码，才让计算机说出你的名字。

第一步：编写程序

我们设定"123"是正确的密码，程序如代码清单14-1所示。

代码清单14-1　test14.1

```
1   a=raw_input("请输入密码")
2   if a=="123":
3       print "我的名字是xxx"
```

第1句是等待输入密码，并把输入值命名为a。

第2句是判断a是否等于123。我们已经知道==是等于运算符，这里的相等要求为全相等，就是==两边不仅要求是同样的数，而且必须是同样的数据类型。因为第1句会把输入的值都当成字符串型，当输入123后，a就是字符串123，即"123"。所以第2句中==右边的123要加上引号（也变成字符串型），左右才相等；如果写成a==123，就不能使两边相等这个条件成立了。

第二步：输入程序

输入代码清单14-1所示的程序，保存为test14.1并运行，在Python 2.7.6 Shell中输入密码123后回车即可。

试一试： 把设定的密码由123改成其他，看别人能猜对吗。

这个设密码的程序是不是很简单啊？如果想再完善下它的功能，就要用到复杂一些的语句。如果有兴趣，就接着往下看吧。

第三步：改进程序

我们平常输入密码的时候，如果没输对，还可以再输入，而上面的程序只能输一次，输入错误的话，就不能再输入了，因此不能在实际中使用。我们把它改一下，改成答对了密码，就显示你的名字，没答对时还可以再次输入。程序如代码清单14-2所示。

代码清单14-2　test14.2

```
1   a=raw_input("请输入密码")
2   while a!="123":
3       a=raw_input("请输入密码")
4       if a=="123":
5           break
6   print "我的名字是xxx"
```

该程序是**while**语句的循环结构嵌套一个**if**程序块，循环的条件是：输入的密码**a**不等于**123**。**!=**这个符号表示≠（不等于号），所以第一次就输入正确，便不会进入循环体，而是直接执行第6句；如果第一次输入错误，就会进入循环体，如果在循环中有一次输入正确，即满足第4句的条件，就会中断循环，开始执行循环体后的第6句。

第四步：输入程序

输入代码清单14-2所示的程序，保存为test14.2并运行，这一次先输入一个错误的密码试试。

第五步：学习新单词

新单词：continue（继续）。

第六步：再次改进程序

上面的程序一旦输入正确密码，就执行完毕了，若再有一个人要使用它就不能用了，所以还是不能在实际中使用。我们再编个程序，如代码清单14-3所示，这个程序看上去要简单一些，但实现的功能更强大，它可以一直等待输入密码，即程序会一直工作，直到你不想让它工作而关掉程序为止，不信就试试吧。

代码清单14-3　test14.3

```
1   while True:
2       a=raw_input("请输入密码")
3       if a!="123":
4           continue
5       print "我的名字是xxx"
```

这个程序也是在while循环结构里嵌套一个if程序块，循环的条件是True，意思是"正确时"，这样的写法表示下面的程序块永远循环。我们可以这样理解：因为while语句并没有具体条件，所以自然不会产生条件为"错"的情况，因而永远是正确的，永远符合True，循环会永远进行。注意在这种写法下，True这个单词的第一个字母必须大写。

在循环中符合第3句if语句的条件时，就会执行第4句的continue，continue会使程序提前跳到下一次循环。例如，该程序正常循环是第1句~第5句为一次循环过程，反复进行，只是不符合第3句的条件时，就不执行第4句；如果某次循环中执行了第4句，本次循环到第4句就结束了，即本次中第5句不会执行了，然后从第1句再开始，这就是提前进入下一次循环。结合第3句的条件和第4句的作用，大家可以思考一下本程序的执行逻辑。

第七步：输入程序

输入代码清单14-3所示的程序，保存为test14.3，然后运行。

第八步：闯关任务

你有没有一句想说的话呢？请编一个程序显示这句话，但是要先加一个密码，做好后请别人输入密码来发现这个秘密吧。

15　做到利人又利己

目标

□ 认识到提前定义变量的好处
□ 认识到有意义取变量名的好处

引言

可能其他人也想使用我们上次做的那个程序，以便输入密码才能显示名字（当然，需要改成他的名字和密码），但是他没学过编程，不知道应该怎么改，万一把程序改坏了，就不能运行了。为了让大家都能使用这个程序，我们先把需要改的地方都找出来。这个程序中要改两个地方，一个是名字，一个是密码，我们把确定这两个取值的语句放在程序的开头，让人们很容易就能发现，这样就可以方便其他人修改了。

第一步：学习新单词

新单词：name（名字）、password（密码）。

第二步：定义变量

对于可以改变的值，我们称为"变量"，确定变量的名字和值，称为"定义变量"，代码清单15-1就是在定义变量。其实我们已经做过这样的事了，前面所说的"给数字起个名字"就是在定义变量。

代码清单15-1　定义变量

```
name="xxx"
password="123"
```

这里的一行语句同时确定了变量的名字和变量的取值：=左边确定了变量名字，=右边确定了这个变量的取值。

第三步：编写程序

我们重新编写上次的密码程序，如代码清单15-2所示。

代码清单15-2　test15.1

```
1   name="xxx"
2   password="123"
3   a=raw_input("请输入密码:")
4   if a==password:
5       print "我的名字是:",name
```

该程序中，人的名字和设定的密码都用相应的变量表示，而且是在程序最开始就进行定义的，当后面程序中需要使用变量时直接用变量名即可，如第4句中a==password，就相当于a=="123"。

请注意一下第5句的写法，程序中变量名name是不加引号""的（不加引号时，计算机会认为name是变量的名字，不能直接显示，而是要显示变量的值；如果加了引号，计算机就会认为是个数据，就只显示name这个单词）。所以该句print后的显示内容被分成两部分来写，即前面的字符串"我的名字是:"和后面的变量name，两部分中间的逗号用于保证显示时不分行。所以请记住，使用变量时直接写变量名，千万不能放入引号内；不过print语句里的格式问题还有些复杂之处，后面还会专门讲到，这里先照做即可。

第四步：输入程序

输入代码清单15-2所示的程序，保存为test15.1并运行。

第五步：修改程序

以后不管是谁想把这个程序改成自己的，只要认识name、password这两个单词，立马就知道怎么改了。而且如果只改这些地方的取值，不改其他地方，程序是不会出问题的。可以请另外一个人来试着改一下，是不是很方便？而且你自己以后再需要使用时，也很容易找到程序里的变量，并明白它的含义。所以像这样，编写程序时提前定义变量，并且使用有意义的变量名字，就可以做到利人又利己。

第六步：闯关任务

请把代码清单14-2和代码清单14-3的两个密码程序也改成"利人又利己"的形式，改好后请运行一下，验证是否正确。

16 程序里面设暗号

目标

❑ 初步感受函数语法

引言

我们生活中有时要和陌生人打交道，这时就需要做个自我介绍了。自我介绍其实很简单，比如要介绍自己，你就先说你叫什么名字、多大年龄了，再说你在哪个学校上学就行了。如果是与对方在网上进行远距离交流，能不能让计算机替我们进行介绍呢？让计算机把我们的个人信息显示在屏幕上，对方就可以看到了。我们都知道计算机没有那么厉害，为了能让它把这些内容显示出来，我们必须一行一行地写程序，命令计算机打印出我们的名字、年龄和学校，这比我们自己写出来还费事。能不能有个方法，只要往计算机里输入一遍，以后只要下个简单命令，计算机就能把这些内容显示出来？有的，这个方法的作用就像是你事先和计算机交代好了干什么工作，再规定个暗号，以后你只要输入这个暗号，它就会按你的安排去干活了，下面我们就来试试吧。

第一步：学习新单词

新单词：introduce（介绍）、gender（性别）。

第二步：设暗号语句

语句形式如代码清单16-1所示。

代码清单16-1 设暗号语句

```
def introduce():
```

def 用来标明这句是在设暗号，**def** 后面就是具体的暗号。我们这句设的暗号是 **introduce()**，注意该句最后必须有个冒号（**:**）。

第三步：加入工作内容

在暗号中加入工作内容后，如代码清单16-2所示。

代码清单16-2 test16.1

```
1  def introduce():
2      print "我叫xxxx"
3      print "我的年龄是xxxx"
4      print "我的学校是xxxxxxxx"
```

第2句~第4句缩进4格，它们都是这个暗号里安排的工作。

第四步：输入程序

输入代码清单16-2所示的程序，保存为test16.1，然后运行。最初计算机是没有反应的，请在Python 2.7.6 Shell窗口的 >>> 后光标闪动处输入暗号，也就是 **introduce()**，然后回车，计算机就开始介绍了，如图16-1所示。

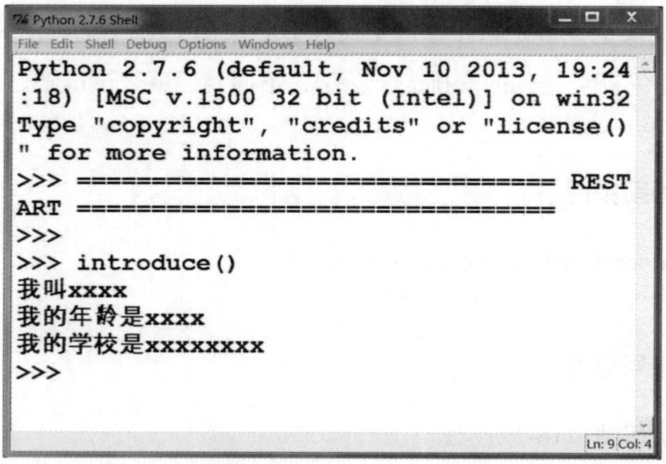

图16-1 test16.1运行结果

第五步：再介绍两遍

你用计算机进行自我介绍这么快，有些人就不服气了，要和你比比打字速度，看谁连写3遍更快。他好无聊啊，不过没关系，我们接着再输入一遍introduce()，回车，然后再输入一遍introduce()，回车，3遍完成，如图16-2所示。

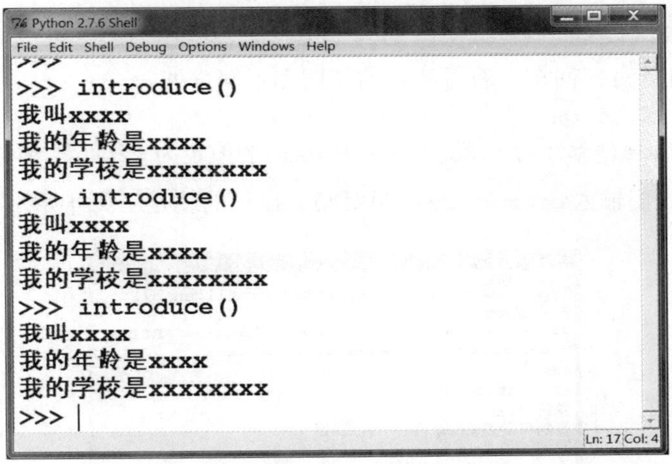

```
>>>
>>> introduce()
我叫xxxx
我的年龄是xxxx
我的学校是xxxxxxxx
>>> introduce()
我叫xxxx
我的年龄是xxxx
我的学校是xxxxxxxx
>>> introduce()
我叫xxxx
我的年龄是xxxx
我的学校是xxxxxxxx
>>>
```

图16-2　三次自我介绍

第六步：修改程序

有人还不服气，他说："现在要把班上的其他同学也介绍一下，你就不能用这个程序了，因为计算机只能显示出你自己的信息。"所以我们需要把上面的程序修改一下，让它可以很方便地介绍班里的其他同学。假设大家的年龄、学校都一样，只需要每次把名字变一下就可以了，程序如代码清单16-3所示。

代码清单16-3　test16.2

```
1  def introduce(name):
2      print "我叫",name
3      print "我的年龄是xxxx"
4      print "我的学校是xxxxxxxx"
```

第1句中在暗号introduce的括号里可以设置变量，我们设置一个名字为name的变量，用这个变量表示同学姓名。然后，在下面的程序中就可以使用这个变量了，如第2句中的人名就用name取代了。

第七步：输入程序

假如班上有两个同学，一个叫"红红"，一个叫"明明"，别人请你把这两个同学介绍一下。

打开程序test16.1，修改为代码清单16-3所示的程序，保存为test16.2并运行。然后在 Python 2.7.6 Shell窗口的 **>>>** 光标闪动处打出 **introduce("红红")**，回车，再打出 **introduce("明明")**，回车，看看两者的相同和不同之处。

输入 **introduce("红红")**，就是把程序中 **name** 的值定为"红红"，所以显示时就会输出"我叫红红"。当我们输入 **introduce("明明")**，显示的就是"我叫明明"，如图16-3所示。

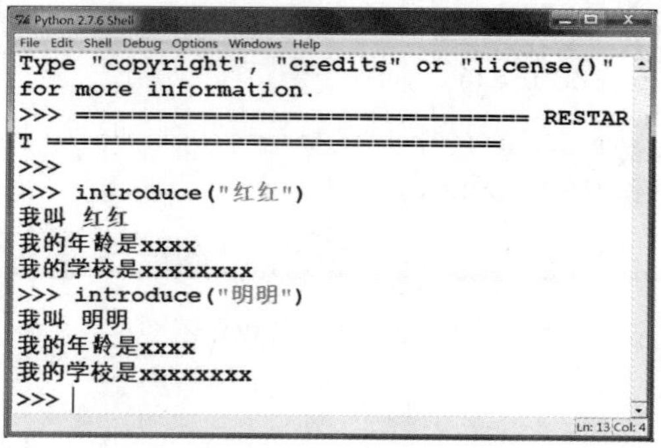

图16-3　test16.2运行结果

输入中常见的错误是汉字不加引号，如输入 **introduce(红红)**，就会出现如图16-4所示的错误提示。此处错误提示（**SyntaxError: invalid syntax**）的意思是语句中有无效的符号，就是指汉字是字符串类型却没加引号。如果程序中的那些英文符号，被你不小心打成中文符号了，也会出现这种错误提示。

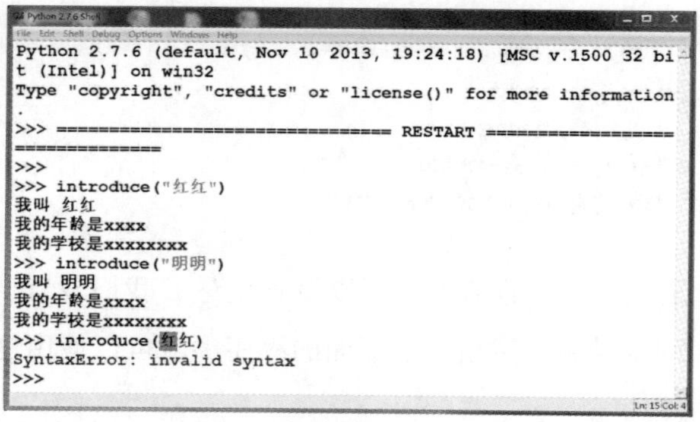

图16-4　常见错误示意图

第八步：完善程序

每个人的信息其实很多，比如包括姓名、年龄、性别，因此最好把这些信息都介绍全，才能让别人更好地了解他。而每个人的这些信息又都不一样，所以只有一个地方使用变量是不够的，最好让程序中的这些内容都使用变量表示。比如，我们再写个介绍班级里同学的程序，如代码清单16-4所示。

代码清单16-4　test16.3

```
1  def introduce(name,age,gender):
2      print "我叫",name
3      print "我的年龄是",age
4      print "我的性别是",gender
5      print "我的学校是xxxxxxxx"
```

这次给计算机设置的暗号中带有3个变量：name、age和gender。

第九步：输入程序

输入代码清单16-4所示的程序，保存为test16.3，然后运行，在Python 2.7.6 Shell窗口中输入introduce("红红",7,"女")（其中introduce后边括号里的内容就是给暗号里的name、age、gender确定的值），回车，如图16-5所示。

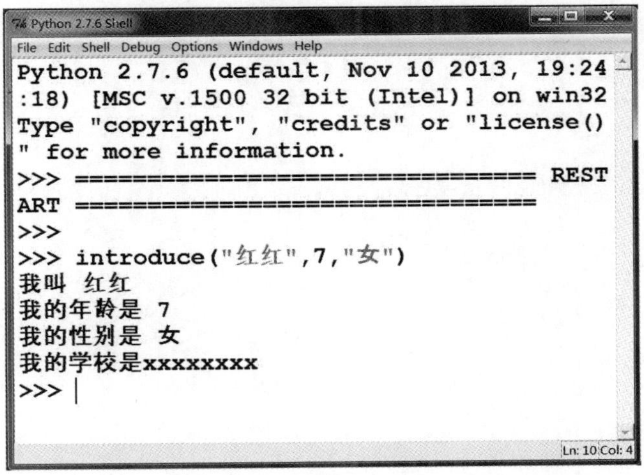

图16-5　test16.3运行结果

第十步：闯关任务

现在，网上购物越来越普遍了，但是同时必须通过快递公司送货，这样就需要每次交易后把我们的名字、电话和家庭地址等信息告诉快递公司。你能不能编写个程序，使家里的每一个人在网购时，都能使用这个程序在计算机屏幕上快速显示出自己的信息。信息对应的英文单词为：information。

17 使用函数做计算

目标

❑ 明白程序中函数的参数传递过程

引言

我们做一道生活中常见的计算题。比如，你带了一张10元钱出门，口渴了想买水，1瓶水2元钱，买1瓶该找你多少钱？买2瓶该找多少钱？买3瓶、4瓶呢？为了写出一个统一的计算式，我们用x表示买了几瓶，用change表示找回的钱，写出的计算式如图17-1所示。

change=10-2x

图17-1　买水

这个计算式中如果x的值确定了，**change**的值就确定了，这种买了几瓶水和该找多少钱之间的关系，就可以称为"函数"。为什么把这种关系叫作"函数"呢？这是古代人起的名字，"函"这个字在过去是信件的意思，一封信发出去是不是只能有一个确定的收信地址？在图17-1所示的关系式中，一旦瓶数确定，就只能得到一个确定的找钱数，就像发信收信的关系一样，所以古人就用"函数"这个词表示这种数字关系。

通常，函数里可以改变的数称为"参数"。在这个式子里，我们可以改变水的瓶数，所以**x**就称为参数。下面来编写这个函数的程序。

第一步：学习新单词

新单词：money（钱）、change（找回的零钱）、return（返回）。

第二步：编写程序

上面的买水函数所对应的程序如代码清单17-1所示。可以看出，其实我们设暗号的程序就是用函数的语法写的。

代码清单17-1　test17.1

```
1   def money(x):
2       change=10-2*x
3       return change
```

第1句定义一个函数**money()**，其括号内参数**x**为买水的瓶数，第2句是函数计算式。

注意第3句的加入，因为函数里计算式的计算结果不会自动与函数名字联系在一起，所以需要通过第3句让函数返回**change**。有了这句，以后使用函数名**money()**时，就相当于使用**change**。

第三步：输入程序

输入代码清单17-1所示的程序，保存为test17.1，然后运行，在Python 2.7.6 Shell窗口中打出**money(1)**，就会显示买1瓶水找回多少钱，如图17-2所示。可以看出，**money(1)**就是**x**为1时**change**的值。

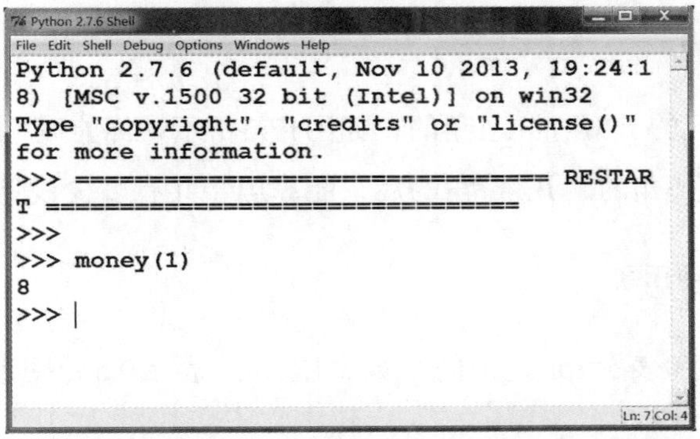

图17-2 test17.1运行结果

试一试：再运行一次该程序，改动一下函数里的参数值，即**money( )**里换一个数字，看看结果会如何。

可以看出，括号里的数字会被当成**x**的值传到函数中去计算，这就是函数的传参过程。

第四步：改进程序

可以使用多个参数把程序改得更灵活：比如总共带了多少钱、一瓶水多少钱、买了几瓶，全用参数表示。

新单词：gross（总额）、price（价格）。

我们还用**x**表示买了几瓶，用**change**表示找回多少钱，用**gross**表示带的总钱数，用**price**表示一瓶水的价格，此时的程序如代码清单17-2所示。

代码清单17-2　test17.2

```
1  def money(x,price,gross):
2      change=gross-price*x
3      return change
```

第五步：输入程序

输入代码清单17-2所示的程序，保存为test17.2并运行，在Python 2.7.6 Shell窗口中打出**money (1,2,10)**（注意，输入的顺序决定了数字对应哪个参数）。

试一试：把函数里的数字改动一下，输入进去看看运算结果如何。

第六步：闯关任务

我们的硬币有1元的、5角的、1角的，如图17-3所示，你能编写一个函数程序，当确定有几个1元的、几个5角的、几个1角的后，能算出一共有多少钱吗？

新单词：coin（硬币）。

我们可以用coin10表示1元硬币的个数、用coin5表示0.5元硬币的个数、用coin1表示0.1元硬币的个数。

图17-3   不同面额的硬币

18 自己做一个模块

目标

❑ 明白制作模块的方法

引言

大家都玩过积木吧？如图18-1所示，拼成一个漂亮的城堡其实也不是太费事，因为各种形状、颜色的积木块都已经有了，我们直接拼起来就行了。你想过没有，计算机程序能不能也像积木这样，事先把具有各种小功能的程序都编写好，编程时直接把各种小程序拼起来就组成一个大程序？这样的想法已经实现了，在程序中可以完成某个功能的小程序就称为"模块"，模块就像积木中的积木块一样，可以拼接成一个大程序。现在，我们自己做一个模块，这里就使用上次买水的那个函数吧。做好这个模块以后，程序中再遇到买东西算钱的问题时，直接拿来用就可以了，所以我们把它命名为"买东西模块"。

图18-1　积木搭城堡

 第一步：学习新单词

新单词：buy（买）、import（引入）。

 第二步：编写程序及建立模块

模块的程序如代码清单18-1所示。

代码清单18-1　　"买东西模块"代码

```
1    def money(x,price,gross):
2        change=gross-price*x
3        return change
```

你应该认识这个程序，它和程序test17.2是一样的，能不能变成模块的关键在于如何保存它，操作步骤如下。

(1) 先点击菜单栏的File选项，选择Save <u>A</u>s…。

(2) 如图18-2所示，在弹出的对话框中，先在"文件名"处输入buy.py（其实前面的名字可以自己定，关键就是后面必须要带.py），然后点击"保存(S)"，这样就创建了一个buy模块。

图18-2　保存步骤示意图

 第三步：操作练习

输入代码清单18-1所示的程序，在程序所在的窗口中进行上面的操作，保存为buy.py。

第四步：使用模块

首先要引入模块，才能使用模块：在Python 2.7.6 Shell窗口中输入**import buy**，回车，该句的作用为引入**buy**模块。

当使用模块里的函数时，必须写明是这个模块里的函数，其写法为"模块名.函数名"，即模块名与函数名中间用一个"**.**"相连，表明是什么模块里的什么函数。比如，**buy.money(1,2,10)**就是在调用**buy**模块里的**money**函数，同时确定参数值分别为1、2、10。所以接着输入**print buy.money(1,2,10)**，回车，最后结果如图18-3所示。

```
76 Python 2.7.6 Shell                                    □  X
File Edit Shell Debug Options Windows Help
Python 2.7.6 (default, Nov 10 2013, 19:24:18
) [MSC v.1500 32 bit (Intel)] on win32
Type "copyright", "credits" or "license()" f
or more information.
>>> import buy
>>> print buy.money(1,2,10)
8
>>> |
                                          Ln: 6 Col: 4
```

图18-3　运行结果

第五步：想一想

问题：我们原来可以直接用函数计算，现在改成模块的好处是什么呢？

答案：如果想在其他程序中使用某个函数，把全部函数语句写入程序中后才能使用，而做成模块后，不用把模块语句写入，只要引入模块，就可以直接使用了。下一次我们会看到使用模块的好处。

第六步：闯关任务

把上次计算硬币总钱数的程序制作成一个数硬币模块，然后再引入该模块来计算钱数。

19 模块拿来就能用

目标

□ 会在程序中使用模块

引言

在Python中很多模块都是已经建好的，我们可以拿来使用，使复杂的工作也能轻松完成。本次的任务就因为模块的存在而变得很轻松。

第一步：学习新单词

新单词：time（时间）、sleep（睡觉）。

第二步：编写慢动作程序

我们要编的这个程序是让计算机显示出人的名字，但是要一个字一个字地显示出来，每个字之间还要停顿2秒，就像计算机在做慢动作一样。例如：慢慢显示出"王一一"这个名字，程序如代码清单19-1所示。

代码清单19-1　test19.1

```
1    import time
2    print "王",
3    time.sleep(2)
4    print "一",
5    time.sleep(2)
6    print "一"
```

第1句引入了时间模块**time**。

第3句**time.sleep(2)**调用了**time**模块的**sleep**函数，睡眠时间为2秒，这2秒钟里程序就像睡着了一样不往下运行。

第2句、第4句的**print**语句后面有逗号，这是为了保证不换行。

第三步：输入程序

输入代码清单19-1所示的程序，保存为test19.1，然后运行。

试一试：改变**time.sleep()**里的数字，看看显示名字的时间间隔如何变化。

第四步：编写掷色子程序

新单词：random（随机）、randint（随机整数）。

掷色子的游戏你玩过吗？就是每人扔一次色子，谁的点数大谁就赢。可是有时候，想玩却找不到色子，有时候扔得劲大了，色子到处乱跑不好找，有时可能还有人耍赖哦。现在我们不需要真扔色子了，而是让计算机模拟家长和孩子掷色子：在整数1到6之间，计算机任意取一个数给家长，并命名为**a**；再任意取一个数给孩子，并命名为**b**。那么当**a>b**，就是家长赢了；当**a<b**，就是孩子赢了，而为了照顾孩子，两个数相等也算孩子赢。相应程序如代码清单19-2所示。

代码清单19-2　test19.2

```
1  import random
2  a=random.randint(1,6)
3  b=random.randint(1,6)
4  if a>b:
5      print a,b,"家长赢"
6  else:
7      print a,b,"孩子赢"
```

第1句引入随机模块**random**。

第2句中，**random.randint()**表示**random**模块里的**randint**函数，该函数可以在其参数**(1,6)**范围内任取一个整数，也就是随机让**a**表示1到6之间的一个整数。

第五步：输入程序

输入代码清单19-2所示的程序，保存为test19.2并运行。再多运行该程序几次，看看结果有无不同。

第六步：认识math模块

Python中有个**math**模块，这个数学模块可以提供标准算术运算，比如计算sin30°就可以使用这个模块。不过在这个模块中，角度用弧度表示，所以我们先把30°转换成$\frac{\pi}{6}$。π用键盘打不出来，在**math**模块中用**math.pi**表示π，这串字母太长了，为了方便使用，程序中就用**pi**来表示**math.pi**。计算sin30°的程序如代码清单19-3所示。

代码清单19-3　计算sin30°的程序

```
1    import math
2    pi=math.pi              #把math模块表示的π简化表示
3    x=math.sin(pi/6)        #使用math模块的sin函数，参数为pi/6
4    print x
```

math模块的函数还有很多，对于我们做计算非常有用，更多内容参见附录E。

第七步：闯关任务

请编程计算图19-1中的正方形和圆形的面积，并使两个值之间停顿3秒显示出来。

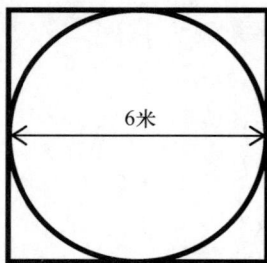

6米

图19-1　图形尺寸示意

圆心到圆环的距离就是半径r，圆的面积为$s = \pi r^2$。

20 程序里面摸大象

目标

❑ 认识面向对象编程方法

引言

大家看到图20-1，能想到哪句成语呢？是不是"盲人摸象"？通过这个故事，我们可以体会到，当无法亲眼看到一个东西时，想要了解它是多么困难啊。盲人们还可以通过手摸来感受，对于计算机来说，要了解一个东西就更困难了，因为它既看不见，又不能感受到，只能由我们通过编程描述给它。

图20-1　盲人摸象

为了把一个东西描述清楚，可以从两个方面描述，一方面是这个东西是什么样子的，另一方面是这个东西能干什么。例如，我们把一头大象描述给计算机，说这头大象的牙齿长、鼻子长、能喷水、能搬运重物，其中牙齿长、鼻子长就是这头大象的样子，能喷水、能搬运重物就是这头大象能干的事。

可是一件东西就要描述一次，这真是太麻烦了！因为有相同的样子，能做相同事的东西可以归为一类，所以编程时都是针对一类东西来描述，这样程序就具有了通用性。比如，我们已经给计算机描述了"大象"这类东西，以后再提到具体的一头象，比如一头名叫bobbi（波比）的象时，就不用费劲儿给计算机描述bobbi了，而只需要告诉计算机"波比是一头大象"，计算机就知道bobbi牙齿长、鼻子长、能喷水、能搬运重物。是不是省事多了？

在计算机术语中，把东西称为"对象"，样子称为"属性"，能做的事称为"方法"，通过确定有什么属性和方法，就建立了一个对象，这种描述东西的编程方法就称为"面向对象编程"，请不要记成"面向大象"哦。面向对象编程现在是进行程序设计的主要方法，下面我们就用面向对象方法给计算机介绍一下大象。

第一步：学习新单词

新单词：class（类）、elephant（大象）、nose（鼻子）、tooth（牙齿）、long（长）、water（水）、carry（搬运）。

第二步：建立一个大象类

前面说过，在面向对象编程中，都是先对一类东西进行描述，这个过程称为建立一个类。为了描述大象这个群体，我们就要建立一个大象类，建立类的语法如代码清单20-1所示。

代码清单20-1　建立大象类

```
class Elephant():
```

class是建立类的关键词，类名是Elephant（类名习惯上要首字母大写），类名后有括号，然后是冒号。

第三步：加入属性

类里定义属性的程序如代码清单20-2所示。

代码清单20-2　定义属性

```
1  class Elephant():
2      nose="long"
3      tooth="long"
```

第2句、第3句就是定义属性的语句，其实就是以前的定义变量，意思是"鼻子是长的""牙齿是长的"。

第四步：加入方法

类里定义方法的程序如代码清单20-3所示。

代码清单20-3 定义方法

```
1  class Elephant():
2      nose="long"
3      tooth="long"
4      def water(self):
5          print "water"
6      def carry(self):
7          print "carry"
```

第4句、第5句定义一个喷水方法，喷水过程就用显示出**water**单词简单表示一下。第6句、第7句定义一个搬运方法，搬运过程用显示出**carry**简单表示。

定义方法其实就是以前的建立函数，函数的括号里要写入**self**，这是为了调用时进行判断，这里暂不深究其原因，照做即可。至此，一个大象类的程序就完成了。

建立一个类时，主要内容就是规定类的属性和方法，属性可以看作附加在类上的变量，方法可以看作附加在类上的函数。因此，面向对象方法就是程序中一种新的组织方式，程序的基本语法没有变化。

第五步：介绍大象

现在我们要把bobbi介绍给计算机，因为计算机已经知道大象类了，只要在代码清单20-3所示程序的后面再加一句"bobbi属于大象类"就行了，程序如代码清单20-4所示。

代码清单20-4 test20.1

```
1  class Elephant():
2      nose="long"
3      tooth="long"
4      def water(self):
5          print "water"
```

```
 6      def carry(self):
 7          print "carry"
 8  bobbi=Elephant()
 9  print bobbi.nose
10  bobbi.water()
```

第8句的意思就是"bobbi属于大象类"，但该句不是大象类里的语句了，所以从行首输入。当bobbi成为大象类的一员后，bobbi就拥有了大象类里的所有属性和方法，为了验证是否如此，我们加入了第9句和第10句。

第9句要求计算机显示出bobbi的鼻子是什么样的，第10句要求bobbi做出大象类里的water方法。因为类里定义的变量和函数只能被属于这个类的对象拥有，所以使用时必须在前面加上对象名，直接使用类里的变量和函数是不行的。

在上面的程序中，我们发现常用到符号"**.**"，如bobbi.nose、bobbi.water()，这个点的正式叫法是"属性运算符"，也可简单称为"点记法"（是在使用对象属性和方法时一种规定的表示方法）。

第六步：输入程序

输入代码清单20-4所示的程序，保存为test20.1并运行，结果如图20-2所示。

```
Python 2.7.6 (default, Nov 10 2013, 19:24:
18) [MSC v.1500 32 bit (Intel)] on win32
Type "copyright", "credits" or "license()"
for more information.
>>> ============================ RESTA
RT ============================
>>>
long
water
>>>
```

图20-2   test20.1运行结果

第七步：闯关任务

新单词：seat（座位）、tyre（轮胎）、five（五）、four（四）、move（行驶）、horn（鸣笛）。

小汽车的样子如图20-3所示，请用面向对象的方法，建立一个小汽车类的程序，并使你家的汽车属于小汽车类，然后查看你家汽车的轮胎数和鸣笛方法。

小汽车的属性有：

```
seat="five"
tyre="four"
```

小汽车的方法有：

```
def move():
    print "move"
def horn():
    print "horn"
```

图20-3　一辆汽车

21 打倒二号纸老虎

目标

❑ 安装Pygame和SPE

引言

计算机不仅计算能力很厉害，画图的能力也很强。让计算机显示出图形，这件事在技术上是很复杂的，需要大量的底层代码和计算机相关的知识，不过Python中有个Pygame模块具有显示图形的功能，可以使我们非常轻松地画出图形。不过在使用时，有些Pygame程序在IDLE上不能正确运行，因为IDLE这个Python自带的工具不够完善。因此，在使用Pygame模块的内容里，推荐大家使用SPE编辑器编写程序。这两个东西都需要安装，下面是安装步骤，我们一起来打倒二号纸老虎。

第一步：下载软件

打开图灵社区，至本书主页的"随书下载"并点击下载，解压后找到以下3个软件：

❑ pygame-1.9.1.win32-py2.7.msi
❑ wxPython2.8-win32-unicode-2.8.12.1-py27.exe
❑ SPE

第二步：安装Pygame

双击pygame-1.9.1.win32-py2.7.msi，此时会出现如图21-1所示的界面，一直点击Next >，直至最后点击Finish完成即可。中间如时间略长，请耐心等待。

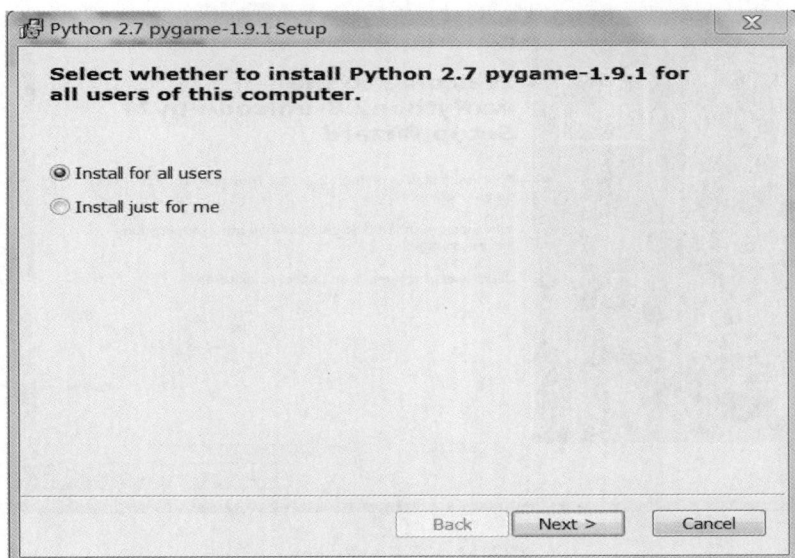

图21-1 安装Pygame

完成后，打开IDLE，输入**import pygame**，回车，如无错误提示，说明安装成功，如图21-2所示。

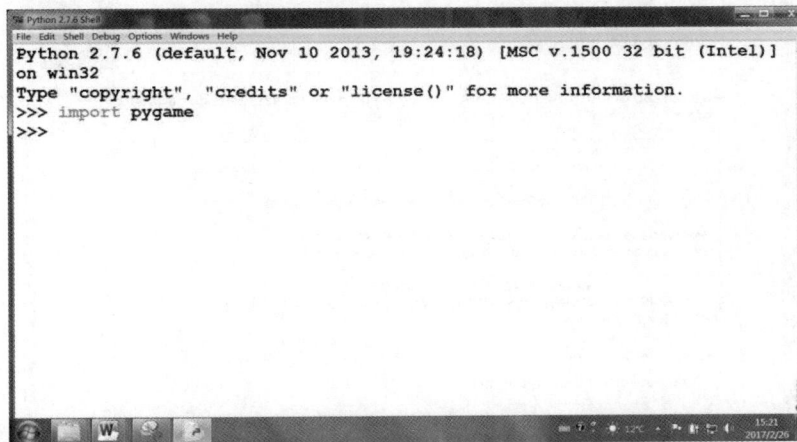

图21-2 安装成功

第三步：安装wxPython

SPE编辑器需要wxPython支持，双击wxPython2.8-win32-unicode-2.8.12.1-py27.exe，此时会出现如图21-3所示的界面。

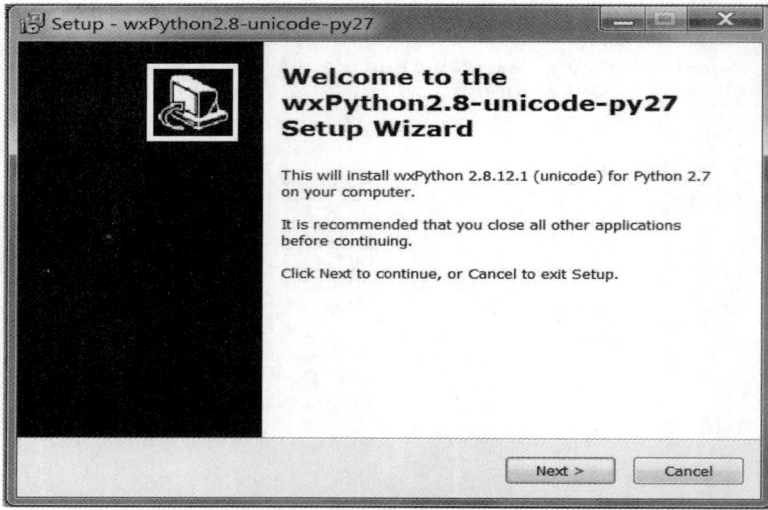

图21-3　安装wxPython

点击Next>后，界面如图21-4所示，点击I accept the agreement前的圆点，然后一直点击Next>，直至最后点击Finish完成。

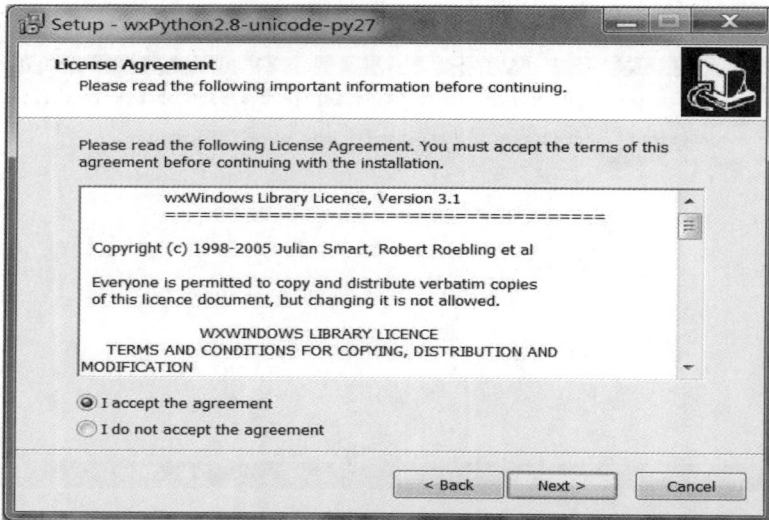

图21-4　接受许可协议并继续安装

第四步：安装SPE

将SPE文件夹放入C盘的Python27文件夹中，然后打开SPE文件夹，找到其中的SPE文件。这里可能会有两个SPE，请使用后面类型为"PY文件"的那个，如图21-5所示。

图21-5　找到SPE文件

将鼠标指针放在这个文件上，点击右键，在弹出的菜单中找到"打开方式"，左键点击python，如图21-6所示。

图21-6　用Python打开SPE

此时就会打开SPE编辑器，界面如图21-7所示，即可以使用了。

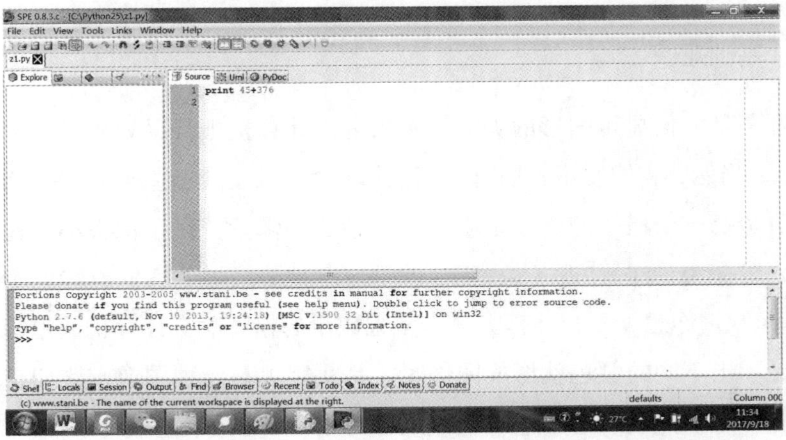

图21-7　SPE编辑器

22 让计算机画个圆

目标

☐ 了解计算机显示图像的原理
☐ 能修改程序中的参数来改变图形外观

引言

做任何事都要循序渐进，所以我们先从最简单的图形入手，比如画一个圆。这里主要会用到pygame、sys两个模块。pygame模块一般用于制作游戏，我们可以把它叫作游戏模块；sys模块一般用于系统操作，我们可以把它叫作系统模块。由于模块里已经把那些复杂的工作都集成好了，所以我们只需要执行模块里的几个函数命令，就能画出图形了。但要理解这些命令，还需要明白一些关于图像的基础知识才行，下面就来了解一下。

第一步：基础知识

计算机屏幕是如何显示图形的呢？简单来说，计算机把屏幕划分成一个大格子网，如图22-1所示。当然，我们看不到屏幕上面的横竖线，实际上这些线也并不存在，但是计算机是能分清楚每一个格子的。一个小格子就是一个像素，格子都很小，比如我们现在常用的屏幕分辨率为1280×720（像素），就是屏幕被分成横的方向有1280个像素，竖的方向有720个像素。你想一下，屏幕上会有多大数量的格子啊。计算机通过控制不同的小格子，使其显示出不同的颜色就形成图像了。其实字也是一种图像，比如在屏幕上出现一个黑色的"中"字，就是通过一些填入黑色的格子组成了这个字。图像的大小由像素多少控制，比如黑色的方块，其大小就是3×3（像素），即包含了9个像素。圆形也是如此形成的，当然，用格子形成圆形，边缘会不光滑，只是格子太小了，所以我们正常情况下看不到那些边缘的锯齿。

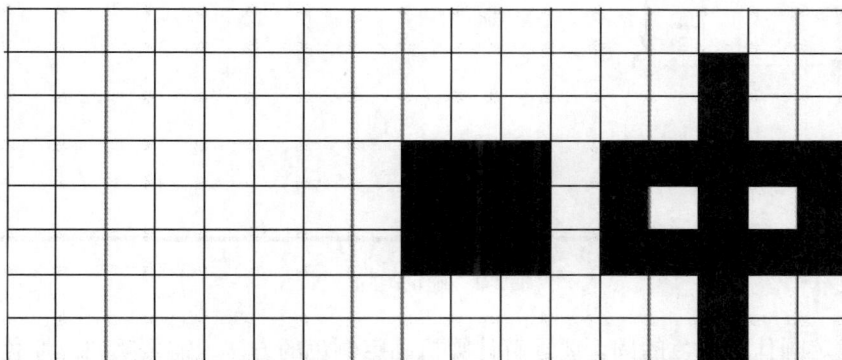

图22-1　用不同的小格子显示不同颜色的图像

说完了计算机显示图像的原理后，我们再考虑一下如何画圆。可以先想一下，在生活中我们要用笔和纸画一个圆的话，需要事先确定哪些事情？如下所示：

(1) 在哪张纸上画；

(2) 在纸上的什么位置画；

(3) 画什么颜色的圆；

(4) 画多大的圆；

(5) 圆圈里面涂不涂颜色。

要让计算机画个圆，我们也要把这些事情告诉它，下面看一下具体方法。

(1) 确定在什么地方画圆。我们会在计算机屏幕上建立一个新窗口，其效果相当于在屏幕上铺开一张画布。

(2) 确定在什么位置画圆。圆的位置由圆心确定，我们在窗口平面内要找到一个位置作为这个圆的圆心。让我们看着图22-2，把整个平面左上角的点（黑色点）当成一个固定点，并称为"点1"，以这个点的位置为基准，我们可以确定其他点的位置。如：圆心位置"点2"（灰色点）可以用与点1之间的水平距离（x）和竖直距离（y）来确定。

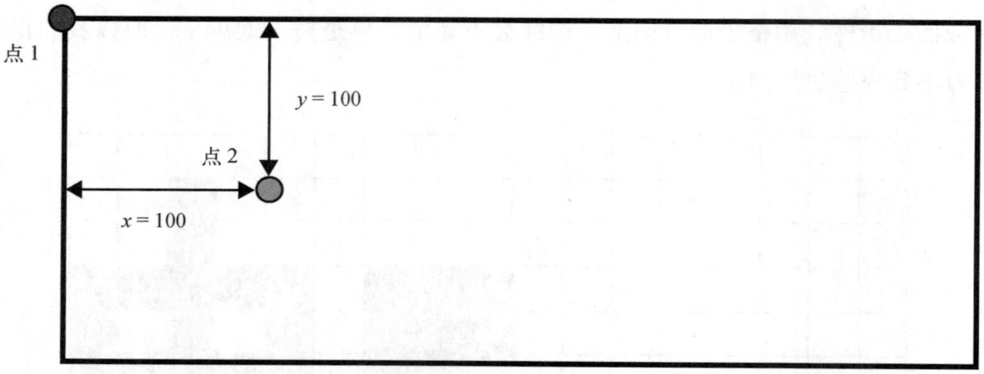

图22-2   确定圆的位置

(3) 确定画什么颜色的圆。要理解计算机确定颜色的方法,需要明白三原色原理,这个原理简单来说就是,以不同比例混合红、绿、蓝3种颜色可以得到任何颜色,所以红、绿、蓝3种颜色称为"三原色"。在计算机里,红、绿、蓝的亮度值变化范围都是0~255,通过调整这3种颜色的亮度,就能得到不同的颜色。颜色用中括号内的3个数字来表示,红、绿、蓝亮度值的表示顺序如图22-3所示。例如[255,255,255],就表示了一种颜色的值,组成该颜色的原色中红色亮度为255,绿色亮度为255,蓝色亮度为255,这时三原色都达到了最亮的程度,显示出来就为白色。改变这3个数字,我们就能改变计算机显示的颜色。

红色值绿色值蓝色值
[255,255,255]

图22-3   三原色

(4) 确定画多大的圆。确定圆的半径值,就确定了圆的大小。

(5) 确定圆里面涂不涂色。有个参数叫线宽,线宽定得越大,画圆的线条就越粗。当线宽定为0时,不是表示线条没有了,而是表示全填充,即圆里面全填上颜色。

第二步:学习新单词

新单词:screen(屏幕)、display(显示)、fill(填充)、draw(画图)、circle(圆)、flip(翻转)

第三步：建立画布

建立画布，其实就是在屏幕上建立一个窗口，其程序如代码清单22-1所示。

代码清单22-1　建立画布的程序

```
1    import pygame,sys
2    pygame.init()
3    screen=pygame.display.set_mode([640,480])
4    screen.fill([255,255,255])
```

在这个程序里你会发现好多"."，这是因为Python里把所有东西都看作对象，所以许多命令都是在调用对象的属性和方法。想想前面介绍过的面向对象编程中是如何调用属性和方法的，有这么多"."就不奇怪了。

第1句引入游戏模块和系统模块。

第2句对游戏模块进行初始化，在使用pygame模块的其他函数之前需要做这一步，但解释这一步挺复杂的，现在可不去了解，照做即可。

第3句的作用是在屏幕上建立一个新窗口，窗口大小为640×480（像素），并把这个窗口命名为screen。句中=右边的一串字母pygame.display.set_mode看起来很复杂，其实根据"."进行分离后，可以理解成pygame模块里display子模块的set_mode函数，该函数的功能是建立一个窗口，所以screen就是这个窗口的名字。

第4句的作用是把screen窗口的背景颜色填充为白色。第3句建立screen窗口时，就可以使其具有fill方法，这是模块里内置好的功能，所以screen.fill就在调用这个方法，后面()内为填充的颜色值。

第四步：画出一个圆

用程序画一个东西，要分两步进行，第一步要说明画一个什么东西，第二步命令计算机把图形显示出来，如代码清单22-2所示。

代码清单22-2　绘制程序

```
5    pygame.draw.circle(screen,[255,0,0],[100,100],30,0)
6    pygame.display.flip()
```

第5句就是画一个圆的命令，**pygame.draw.circle()**调用了画圆的函数，括号内为画这个圆用到的5个参数，其顺序不能改变。我们重点看一下各个参数。

- **screen**为第一个参数，规定在哪里画图，即在**screen**这个窗口平面内画图。
- **[255,0,0]**为第二个参数，规定画图的颜色，即"红色"。
- **[100,100]**为第三个参数，规定圆心的位置，前一个100为图22-2中的*x*坐标值，后一个100为图22-2中的*y*坐标值，单位为"像素"。
- **30**为第四个参数，规定圆的半径大小，即30像素。
- **0**为第五个参数，规定图形的线宽，即圆的内部是填满颜色的。

这样，上述参数就按顺序确定了：画图平面、颜色、圆心位置、圆的半径、填充范围。

第6句通过调用**pygame.display.flip()**函数，将图形显示出来。

为什么显示要用**flip**（翻转）命令？其作用是直接"翻转"到完成后的画面，中间的绘制过程不会显示出来。如果一次绘制的是一批图形，最后用一次**pygame.display.flip()**就行。

第五步：关闭窗口程序

自己来编程，需要考虑所有事，因此我们的程序还要有关闭窗口功能，就是用鼠标点击自己建立的窗口右上角的叉号（×）时，能够关闭窗口。平时一点那个叉就能关闭程序，是因为别人已经编好程序了，现在我们需要自己编程实现关闭功能。程序如代码清单22-3所示，这4行代码现在不需要详细了解，照做即可。

代码清单22-3　编程实现关闭窗口的功能

```
7    while True:
8        for event in pygame.event.get():
9            if event.type==pygame.QUIT:
10               sys.exit()
```

第六步：输入程序

打开SPE，点击File→New，前面几步的程序合在一起就组成完整的程序了，所以请依次输入代码清单22-1、代码清单22-2、代码清单22-3的程序，保存为test22.1，点击菜单栏中的Tools→Run without arguments/Stop来运行程序，如图22-4所示。结果如图22-5所示。

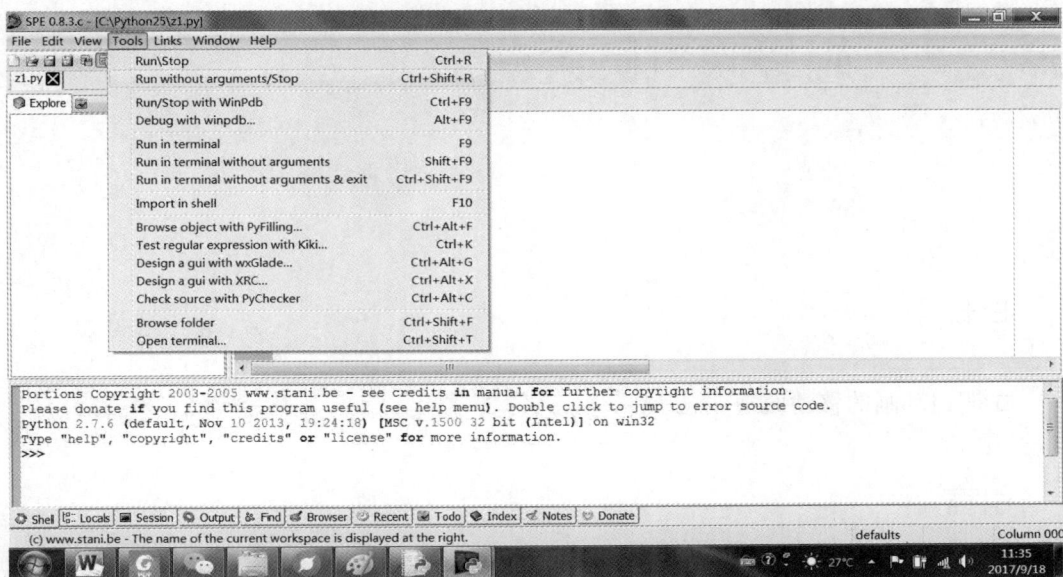

图22-4　运行程序

图22-5　练习结果

第七步：闯关任务

　　你知道控制圆的颜色、位置和大小的参数在哪里吗？请修改一下相关参数，使圆变成另一种颜色或大小，或使之在其他位置出现。

23 轻轻吹气圆会动

目标

□ 明白动画的移动原理

引言

动画就是指画面是可以活动的。但是，动画里的东西可不是真的可以移动，实际上任何图形一旦画上去以后就不能变动了，就像我们在纸上画个圆，它肯定是不能变动的。其实动画之所以能活动，是因为在新的位置又画了一个图形替代了原图形，这样看上去就像画面移动了一样。下面我们做一个这样的动画效果，在屏幕上画个圆，然后对着圆轻轻吹气，这个圆就能被"吹动"。

第一步：学习新单词

新单词：delay（延迟）

第二步：画两个圆的语句

画两个圆很简单，就是写两次画圆命令，但是我们要学习的是如何先后画出两个圆。主要语句如代码清单23-1所示，效果如图23-1所示。

代码清单23-1　先后画出两个圆

```
1  pygame.draw.circle(screen,[255,0,0],[100,100],30,0)
2  pygame.display.flip()
3  pygame.time.delay(800)
```

```
4  pygame.draw.circle(screen,[255,0,0],[200,100],30,0)
5  pygame.display.flip()
```

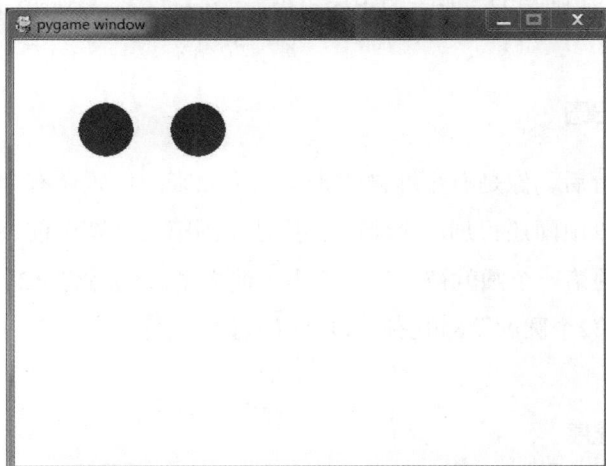

图23-1　画出的两个圆

第1句和第2句显示出一个圆，第4句和第5句也显示出一个圆，第3句使两个圆显示的时间间隔为800毫秒（1毫秒是千分之一秒，800毫秒就是0.8秒，因为动画的时间间隔都很短，所以这个时间延迟函数的参数用毫秒作单位）。我们来看两次画圆参数的区别，就是第三个参数（圆心位置）不同，后一个圆会出现在第一个圆水平向右100像素的位置。

第三步：编写程序

将上面的语句放入实际程序中，如代码清单23-2所示。

代码清单23-2　test23.1

```
1   import pygame,sys
2   pygame.init()
3   screen=pygame.display.set_mode([640,480])
4   screen.fill([255,255,255])
5   pygame.draw.circle(screen,[255,0,0],[100,100],30,0)
6   pygame.display.flip()
7   pygame.time.delay(800)
8   pygame.draw.circle(screen,[255,0,0],[200,100],30,0)
9   pygame.display.flip()
10  while True:
11      for event in pygame.event.get():
12          if event.type==pygame.QUIT:
13              sys.exit()
```

第四步：输入程序

在SPE中输入代码清单23-2所示的程序，保存为test23.1，运行时请轻轻吹气。

第五步：盖掉旧圆

上面的程序运行后，像是有个球被吹走了，可原来的位置还有个球。这样就不是我们要的效果了，所以中间还得加一个步骤，就是在画第二个圆之前，把整个表面重新涂成白色，这样先画的第一个圆就被盖住，相当于消失了。代码清单23-2中的第4句就是表面涂白，所以在画第2个圆的第8句前插入这句即可。

第六步：输入程序

在SPE中打开test23.1，在第8句前插入screen.fill([255,255,255])，保存为test23.2，运行时请轻轻吹气。

第七步：闯关任务

请你修改程序中的一些参数，把小球吹到更远点的地方，或者改成吹动小球往下落的动画。

24 方块不动圆才动

目标

❑ 明白动画的位置控制

引言

前面我们了解了动画的移动原理，就是先画一个图形，然后整个背景重涂颜色，使这个图形消失，然后在新位置再画一个图形，由于时间间隔很短，这样画面看上去就像动起来一样。如果画面图形比较多，而且有的动，有的不动（比如画面上有一个圆形，还有一个方形，你轻轻吹气时，圆就很容易被吹动，而方块因为与地面的摩擦力大，就不会被吹动），还用这种方法处理就不方便了。因为整个背景重涂颜色，会使所有的图形都消失，还得把圆形和方形都重画一遍，所以这种情况下，最好只在需要移动的图形小面积范围上重涂和背景一样的颜色，使要移动的图形消失，这样不动的图形则不会消失，不需要重画，从而使程序简化。但这样的简化需要你能够准确地控制图形的位置，下面我们就做一下这个效果。

第一步：学习新单词

新单词：rect（方形）

第二步：画出方形的语句

画一个方形的语句如代码清单24-1所示。

代码清单24-1　画一个方形

```
pygame.draw.rect(screen,[255,0,0],[70,200,50,50],0)
```

画方形的命令调用了`pygame.draw.rect()`函数。该函数有4个参数，解释如下。

☐ `screen`为第一个参数，规定在哪里画图，即在`screen`这个窗口平面内画图。

☐ `[255,0,0]`为第二个参数，规定画图的颜色，即"红色"。

☐ `[70,200,50,50]`为第三个参数，规定方形的位置和大小。画方形时，方形位置的定位点是方形左上角点，这里前两个数字70、200（像素）是方形左上角点到窗口平面左上角点的水平和竖直距离，后两个数字50、50表示方形边长均为50（像素），如图24-1所示。

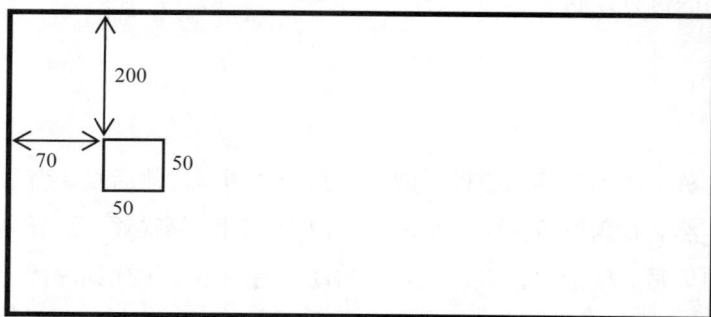

图24-1　方形位置及尺寸

☐ 0为第四个参数，规定图形的线宽。0线宽表示方形内部是填满颜色的。

第三步：盖住圆形

因为吹气时方形是不动的，所以方形可以不再处理了，但必须在出现新圆之前把旧圆抹掉，所以这次我们只把旧圆那一小块范围重新涂白就行了。但是要准确控制涂白的范围，保证能完全盖住旧圆才行，而且是在第一个画圆命令后间隔一些时间去覆盖，如果程序中没有时间间隔，第一个圆就会显示不出来，其语句如代码清单24-2所示。

代码清单24-2　用小方形覆盖圆形

```
1  pygame.draw.circle(screen,[255,0,0],[100,100],30,0)
2  pygame.display.flip()
3  pygame.time.delay(2000)
4  pygame.draw.rect(screen,[255,255,255],[70,70,60,60],0)
5  pygame.display.flip()
```

第1句和2句显示出一个圆；第3句延迟2000毫秒，第4句和第5句显示出一个白色方形（重点注意这个方形的位置及尺寸，正好可以盖在第1句画的圆形上）。这里不好讲解，你可以在纸上按照这个尺寸画一下试试，看看是否方形可以全盖住圆形。程序中的单位是像素，画时可以用毫米代替。

第四步：完整程序

在上面的基础上，完整程序如代码清单24-3所示。

代码清单24-3　test24.1

```
1   import pygame,sys
2   pygame.init()
3   screen=pygame.display.set_mode([640,480])
4   screen.fill([255,255,255])
5   pygame.draw.circle(screen,[255,0,0],[100,100],30,0)
6   pygame.draw.rect(screen,[255,0,0],[70,200,50,50],0)
7   pygame.display.flip()
8   pygame.time.delay(2000)
9   pygame.draw.rect(screen,[255,255,255],[70,70,60,60],0)
10  pygame.draw.circle(screen,[255,0,0],[200,100],30,0)
11  pygame.display.flip()
12  while True:
13      for event in pygame.event.get():
14          if event.type==pygame.QUIT:
15              sys.exit()
```

第5句~第7句显示出第一批图形，有一个红色圆形在上，一个红色方形在下。第8句设置时间间隔，第9句画一个和背景颜色一致的方形盖住红色圆形，第10句在新的位置又画了一个红色圆形，第11句把第二批绘制的图形显示出来，其效果就相当于圆形移动了。

第五步：输入程序

在SPE中输入代码清单24-3所示的程序，保存为test24.1，运行时请轻轻吹气。

第六步：闯关任务

我们这次要反自然规律做事，请你修改程序，使吹气时小球不移动，而方形移动。

25 自己也能做动画

目标

❑ 明白连续动画的坐标控制

引言

我们已经知道了可以让画面中的图形动起来的方法，可是平时看到的动画都是能连续不停地移动的，怎样才能实现这样的效果呢？你很容易就会想到，只要循环地进行抹掉旧图形，画一个新图形的动作，不就可以实现了吗？比如，让小球不停地运动，方法就是：先画一个圆，抹掉，在新位置画一个，再抹掉，在新位置再画一个，再抹掉……连续重复地这么做就可以了。但是有一个地方会复杂一些，就是图形位置的控制，因为图形连续移动，它的位置也不断变化，怎么准确地确定每次的位置就是个难点。其实，如果你会使用坐标的话，这也算不上难题。关于坐标我们就不介绍了，你很容易找到一个人给你讲清楚。下面我们做一个圆球水平运动的动画吧。

🎞 第一步：学习新单词

新单词：speed（速度）、width（宽度）、height（高度）

🎞 第二步：坐标控制

我们假设圆上最左边点的X轴坐标为x，其圆心的X轴坐标就为$x+30$（因为半径为30）。这里当然也可以直接假设圆心的坐标为x，不过就按上面的假设来，怎么假设其实对结果没有影响。圆心的Y轴坐标任意定义一个数，比如为80，画圆的语句如代码清单25-1所示。

代码清单25-1 画圆语句

```
pygame.draw.circle(screen,[255,0,0],[x+30,80],30,0)
```

我们通过控制**x**的值就能控制圆形的位置，所以再设置一个**x**的变化速度**x_speed**，让**x**的值变起来。实现**x**值变化的语句如代码清单25-2所示。

代码清单25-2 让x值变动起来

```
1  x_speed=5        #5为设置的变化速度值
2  x=x+x_speed
```

第三步：窗口边框处理

还有一个问题，如果小球触碰到窗口的边线，继续移动就会跑到窗口以外的位置，看上去就消失了。我们需要预先设计好，让小球碰到窗口边就反弹回来。实现反弹的方法就是：当小球碰到窗口边后让**x_speed=-5**，这样小球的移动方向就反过来了。但是在代码中，写成**x_speed=-x_speed**是更好的方式，这样当需要修改这个值时，只需修改一次就行了。程序如代码清单25-3所示。

代码清单25-3 碰到边线就反向移动

```
1  if x>screen.get_width()-60 or x<0:
2      x_speed=-x_speed
```

第1句中，**if**后有两个条件。第1个条件为**x>screen.get_width()-60**，调用**screen.get_width()**函数可以得到窗口宽度。圆的半径为30，我们前面设定**x**是圆的最左边点的水平坐标，所以，当圆触碰到窗口的右边线后，*x*的值将会大于窗口宽度−60，如图25-1所示。

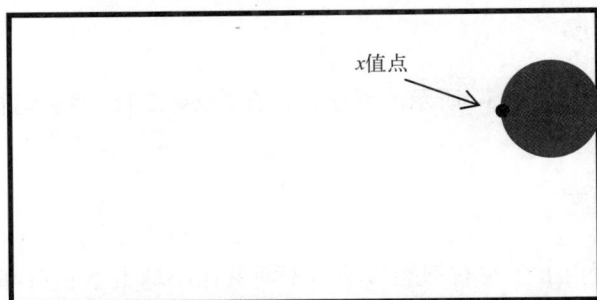

图25-1　圆形碰到右边线时*x*位置示意图

第二个条件为**x<0**，这个好理解，圆触碰到窗口的左边线后，**x**的值将会小于0。两个条件之间的单词**or**，表示这两个条件为"或者"关系，即两个条件中有一个出现就满足条件，所以结果是不论圆碰到左边线还是右边线，**x_speed**的值都将变为原来的反方向值，圆形就会反方向移动了。

第四步：编写程序

做连续动画时，画新圆，遮盖旧圆，x值变化，检测圆是否到达窗口边等动作的语句都要放在循环结构中，这样才能实现持续的动画效果。正好程序中的关闭窗口语句就是循环结构，所以就放在**while True**的循环体内，完整程序如代码清单25-4所示。

代码清单25-4　test25.1

```
1   import pygame,sys
2   pygame.init()
3   screen=pygame.display.set_mode([640,480])
4   screen.fill([255,255,255])
5   x=50      #确定x点的初始值
6   x_speed=5
7   while True:
8       for event in pygame.event.get():
9           if event.type==pygame.QUIT:
10              sys.exit()
11      pygame.draw.circle(screen,[255,0,0],[x+30,80],30,0)
12      pygame.display.flip()
13      pygame.time.delay(100)
14      pygame.draw.rect(screen,[255,255,255],[x,50,60,60],0)
15      pygame.display.flip()
16      x=x+x_speed
17      if x>screen.get_width()-60 or x<0:
18          x_speed=-x_speed
```

第五步：输入程序

在SPE中输入代码清单25-4所示的程序，保存为test25.1，然后运行。

第六步：修改程序

动画应该在平面内上下左右都能移动，下面就让小球上下左右都能动，只要在上面的程序中把Y轴坐标，由固定值改成像x一样可以变化即可，程序如代码清单25-5所示。

代码清单25-5   test25.2

```
1    import pygame,sys
2    pygame.init()
3    screen=pygame.display.set_mode([640,480])
4    screen.fill([255,255,255])
5    x=50
6    y=50
7    x_speed=5
8    y_speed=5
9    while True:
10       for event in pygame.event.get():
11           if event.type==pygame.QUIT:
12               sys.exit()
13       pygame.draw.circle(screen,[255,0,0],[x+30,y+30],30,0)
14       pygame.display.flip()
15       pygame.time.delay(100)
16       pygame.draw.rect(screen,[255,255,255],[x,y,60,60],0)
17       pygame.display.flip()
18       x=x+x_speed
19       y=y+y_speed
20       if x>screen.get_width()-60 or x<0:
21           x_speed=-x_speed
22       if y>screen.get_height()-60 or y<0:
23           y_speed=-y_speed
```

这虽然看上去复杂一些，也只是增加了一个Y坐标和一个y的变化速度而已，自己看一下就会明白。注意：这个程序里不是把（x,y）设为圆心坐标，而是把（x,y）设为遮挡圆的方形的左上角点的坐标，所以圆心坐标为(x+30, y+30)。

第七步：输入程序

打开程序test25.1，修改为代码清单25-5所示的内容，保存为test25.2，然后运行。

第八步：闯关任务

在上面的程序中，有两个地方的参数如果被修改，都可以改变小球移动的速度。请你任意找出一种来改变小球的移动速度，如能找出两种更佳。

26 听我指挥的动画

目标

□ 认识控制动画移动的语句

引言

小朋友们都喜欢玩计算机游戏，也喜欢看动画片，你能说一下，游戏和动画有什么一样的地方，又有什么不一样的地方吗？一样的地方是，游戏和动画片的画面都能移动；不一样的地方是，游戏画面的移动可以受我们控制，而动画片的画面移动不受我们控制。因此，如果做一个可以听我们指挥的动画，其实就是做了一个游戏。我们就在前面小球动画的基础上来实现这个指挥功能，具体的指挥方法是用键盘上的箭头按键控制小球做上下左右的移动。

第一步：学习新单词

新单词：event（事件）、type（类型）、key（按键）、down（向下）、up（向上）、left（向左）、right（向右）。

第二步：控制移动的语句

我们要实现按下某个方向箭头，小球就会向那个方向移动一次的功能，需要用到一种新的输入方式——"事件"。计算机中的"事件"和我们生活中所说的"事件"意思基本相同，就是发生了某件事情。对计算机来说，它能感觉到的事件就是和它相连的鼠标或键盘被触动了。事件可以分为不同的类型，比如要用键盘按键来控制小球，就要使用键盘事件。"向上"按键触发事件的例子如代码清单26-1所示。

代码清单26-1 键盘事件程序示例

```
1   event.type==pygame.KEYDOWN
2   event.key==pygame.K_UP
3   y=y-10
```

第1句中event.type代表事件类型，pygame.KEYDOWN表示键盘事件。KEYDOWN由KEY（按键）和DOWN（向下）组成，就是"按下按键"，所以是键盘上发生的事件。中间是等于号，该句确定了这次的事件类型是键盘事件。

第2句中event.key代表事件中的具体按键，pygame.K_UP表示向上的箭头按键。按键都是用K_开头，后面是按键名，如K_a、K_b就是字母键A、B，K_SPACE就是空格键等。该句确定了事件是"向上的箭头按键被按下"。第3句就是发生这个事件后需要执行的程序。

第三步：解密关闭窗口程序

前面每个程序里都带有如代码清单26-2所示的几条语句，它可以实现点击窗口右上角的 × 来停止程序运行的功能，了解"事件"以后，我们就能解开其秘密了。

代码清单26-2 关闭窗口程序

```
1   while True:
2       for event in pygame.event.get():
3           if event.type==pygame.QUIT:
4               sys.exit()
```

我们在前面的循环结构中见过for语句，它还用于"遍历"。"遍历"就是所有成员都参与一遍，其语法为for x in y，x会依次表示y内的一个成员，直至y内的全部成员都被表示一遍。第2句中，pygame.event.get()函数可以得到发生的所有事件，event就依次表示这些事件，每个事件的类型经过第3句的判断，如果是QUIT（退出）事件，就会执行sys.exit()函数，关闭程序。

第四步：编写程序

因为程序应该一直在等待事件的"输入"，所以"事件"语句要放在while True循环中。因为程序要根据"哪个按键被按下"这个条件，来执行不同命令，所以事件的整个过程要做成分支结构。完整程序如代码清单26-3所示。

代码清单26-3 test26.1

```
 1   import pygame,sys
 2   pygame.init()
 3   screen=pygame.display.set_mode([640,480])
 4   screen.fill([255,255,255])
 5   x=100
 6   y=100
 7   pygame.draw.circle(screen,[255,0,0],[x,y],30,0)
 8   pygame.display.flip()
 9   while True:
10       for event in pygame.event.get():
11           if event.type==pygame.QUIT:
12               sys.exit()
13           elif event.type==pygame.KEYDOWN:
14               if event.key==pygame.K_UP:
15                   y=y-10
16               elif event.key==pygame.K_DOWN:
17                   y=y+10
18               elif event.key==pygame.K_LEFT:
19                   x=x-10
20               elif event.key==pygame.K_RIGHT:
21                   x=x+10
22               screen.fill([255,255,255])
23               pygame.draw.circle(screen,[255,0,0],[x,y],30,0)
24               pygame.display.flip()
```

本程序直接使用x、y作为圆心坐标，且使用相对简单的整个画面涂白来抹掉旧圆，但加入控制语句后显得复杂一些。我们看一下，第7句~第8句先画一个初始位置的圆，在第9句~第12句原来就有的while True循环中，对应着第11句的if语句，第13句使用elif语句把控制语句及画图语句接入进去，第14句~第21句为不同按键触发不同结果的分支语句。注意，不同的箭头按键触发"事件"时，其下语句实现的坐标变化应与箭头方向相符。本程序嵌套层次较多，因此请注意程序的执行逻辑；另外，输入时可能有些麻烦，可使用复制粘贴简化操作，做好后也挺好玩的。

第五步：输入程序

在SPE输入代码清单26-3所示的程序，保存为test26.1，然后运行，接着按箭头键进行操作。

第六步：闯关任务

按一下箭头键可以控制小球移动一段距离，通过修改程序中的一些数值，我们可以改变小球每次移动距离的长短。请你找出可修改的值来，让小球每次移动的距离加倍。

27 用鼠标控制的动画

目标

❑ 认识用鼠标控制动画的语句

引言

我们玩游戏时，基本上都是使用鼠标进行指挥的，因为用鼠标控制比用键盘控制更方便灵活，所以我们还要了解如何用鼠标来控制图形的移动。现在我们要编个程序实现这样的效果：按下鼠标键并移动鼠标，就可以拖动小球移动了。

第一步：学习新单词

新单词：hold（握住）、ball（球）、center（中心）、mouse（老鼠、鼠标）、button（按钮）、motion（运动）、position（位置）。

第二步：鼠标事件

这次是鼠标的动作触发"事件"，所以要用到鼠标事件，其语句形式如代码清单27-1所示。

代码清单27-1　鼠标事件

```
1   event.type==pygame.MOUSEBUTTONDOWN
2   event.type==pygame.MOUSEBUTTONUP
3   event.type==pygame.MOUSEMOTION
```

代码清单27-1中的3个语句分别将事件类型确定为3种鼠标动作，第1句确定事件类型为"鼠标键按下"（mouse button down），第2句确定事件类型为"鼠标键松开"，第3句确定事件类型为"鼠标移动"。

第三步：鼠标键是否按下

我们要求按下鼠标键（左右皆可）后再移动鼠标才能拖动小球，这样设计的原因是，鼠标被无意碰到时不会使小球乱跑。如何确定鼠标键已被按下呢？这里用到一个常用的编程小技巧，就是增加一个状态变量hold_down，程序常用False和True表示不同状态：当鼠标键为"松开"状态，让hold_down=False；当鼠标键为"按下"状态，让hold_down=True。这样通过检查hold_down的值，就能判断是否按下了鼠标键，其语句如代码清单27-2所示。

代码清单27-2 设置鼠标按键状态变量

```
1  if event.type==pygame.MOUSEBUTTONDOWN:
2      hold_down=True
3  elif event.type==pygame.MOUSEBUTTONUP:
4      hold_down=False
5  elif event.type==pygame.MOUSEMOTION:
6      if hold_down:
7          ……
```

第1~4句通过鼠标键的状态是"按下"还是"松开"，定义hold_down的值是True还是False。第5~6句设置了两个条件，第5句是鼠标处于移动状态，第6句是hold_down的值为True，注意if hold_down=True可以简化写成if hold_down的形式。所以这两句就相当于规定了，当鼠标处于移动状态且鼠标键被按下时，才能执行接下去的程序。

第四步：确定球心位置

我们画个圆形表示小球，因为球要随着鼠标的移动而移动，所以先取得屏幕上鼠标的位置，再把该位置作为圆心来画圆，其语句如代码清单27-3所示。

代码清单27-3 取得圆心位置，并画圆

```
1  ballcenter=[]
2  ballcenter=event.pos
3  pygame.draw.circle(screen,[255,0,0],ballcenter,30,0)
```

第1句设置了**ballcenter**变量作为圆心位置，=右边的中括号内现在为空，等待后面进行设置。

第2句，**event.pos**代表鼠标位置在窗口中的实时坐标，**pos**为**position**的简写，该句把鼠标当前位置的坐标设置为**ballcenter**的值。

第3句用**ballcenter**的值作为圆心位置画圆。

第五步：编写程序

我们按照上面的方法编写完整的程序，结果如代码清单27-4所示。

代码清单27-4　test27.1

```
1   import pygame,sys
2   pygame.init()
3   screen=pygame.display.set_mode([640,480])
4   screen.fill([255,255,255])
5   x=100
6   y=100
7   pygame.draw.circle(screen,[255,0,0],[x,y],30,0)
8   pygame.display.flip()
9   hold_down=False
10  ballcenter=[]
11  while True:
12      for event in pygame.event.get():
13          if event.type==pygame.QUIT:
14              sys.exit()
15          elif event.type==pygame.MOUSEBUTTONDOWN:
16              hold_down=True
17          elif event.type==pygame.MOUSEBUTTONUP:
18              hold_down=False
19          elif event.type==pygame.MOUSEMOTION:
20              if hold_down:
21                  ballcenter=event.pos
22                  screen.fill([255,255,255])
23                  pygame.draw.circle(screen,[255,0,0],
                        ballcenter,30,0)
24                  pygame.display.flip()
```

第7~8句画出初始位置的圆，第9句给变量hold_down定义了初始值**False**，第10句给变量**ballcenter**定义了初始值为空值，在第11~14句原来就有的**while True**循环中，对应着第13句的**if**语句，第15句使用**elif**语句把所需的语句接入进去。

第六步：输入程序

在SPE中输入代码清单27-4所示的程序，保存为test27.1，然后运行，接着按住鼠标左键移动即可。

第七步：闯关任务

这次需要你完成一件有点难度的事情，就是实现小球自动回归。具体来说，就是达到下面的效果：鼠标拖动小球到新位置后，一旦松开鼠标按键，小球就会回归到最初的位置。也许对现在的你来说不容易做出来，不过完成不了也没什么，试试吧。

28 有模有样的动画

目标

☐ 认识动画程序中加入图像、声音和文本的语句

引言

我们前面已经完成了一些可以自己控制的动画，但这些动画太简陋了，就是一个可以移动的小球，而且没有名字也没有音乐，离真正的动画还差得很远。当然，我们现在的能力确实还不能做出正式的动画，但是也要模仿真正的动画把应该有的内容都加进去。下面我们就要做一个和正式的动画比起来，虽然不好看，但一样东西也不少的、有模有样的动画。首先编个动画剧本，剧情是一只小猫乱跑，动画名字是cat run。然后，我们要设计动画的主角形象——一只猫，然后制作背景音乐在动画中播放，最后在屏幕上加上动画名字。这时，具备"所有"元素的正式动画就做好了。

第一步：制作主角形象

(1) 打开Windows自带的画图软件，用鼠标画只小猫，如图28-1所示。

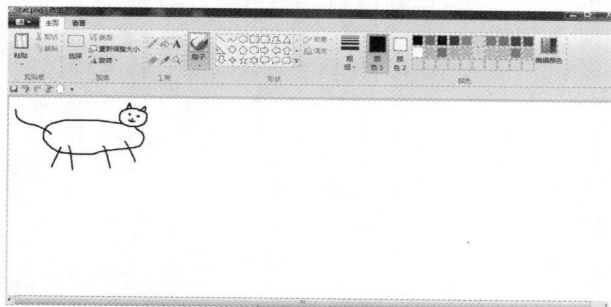

图28-1　用画图软件画只小猫

(2) 点击菜单栏的"选择"，并在弹出的下拉菜单中点击"矩形选择(R)"，如图28-2 所示。

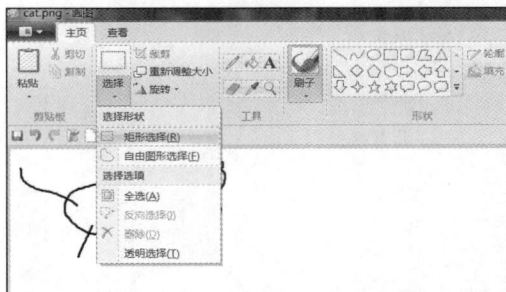

图28-2 找到"矩形选择(R)"选项

(3) 按下鼠标左键，可以拉出一个虚线框，用这个虚线框紧密地围住小猫，如图28-3 所示。

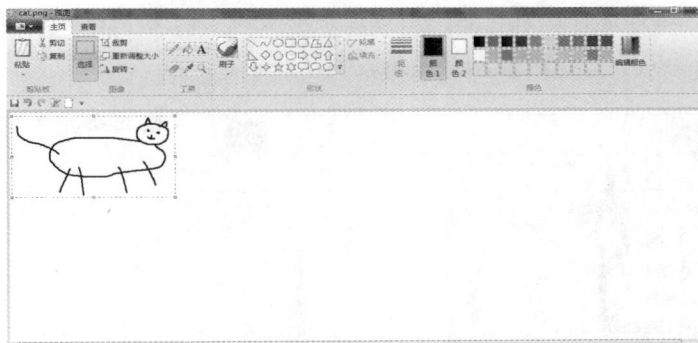

图28-3 用虚线框紧密地围住小猫

(4) 点击菜单栏中的"裁剪"命令，将小猫图片剪成一个小图片，如图28-4所示。命令位置如箭头所示。

图28-4 裁剪后的小猫图片

(5) 点击左上角的小书本图标，如图28-5中箭头所示，在弹出的下拉菜单中点击"另存为(A)"。如需要选择保存格式，选择为png格式。

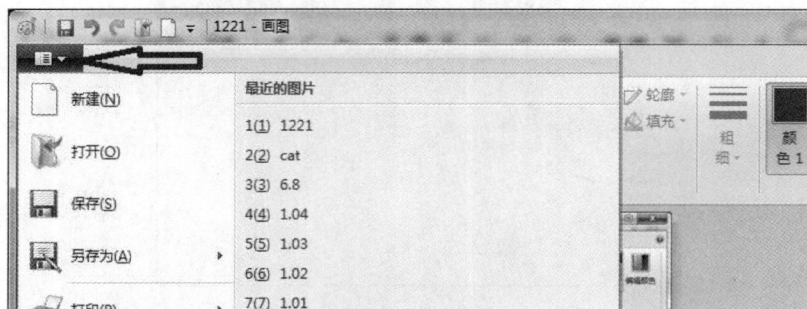

图28-5　找到"另存为(A)"选项

(6) 在弹出的"保存为"对话框中，如图28-6所示，点击保存地址栏中箭头所指的小黑三角，选择保存位置。这里请选择本地磁盘（F:），然后在下面"文件名"栏填入cat，点击"保存"，动画主角就制作好了。

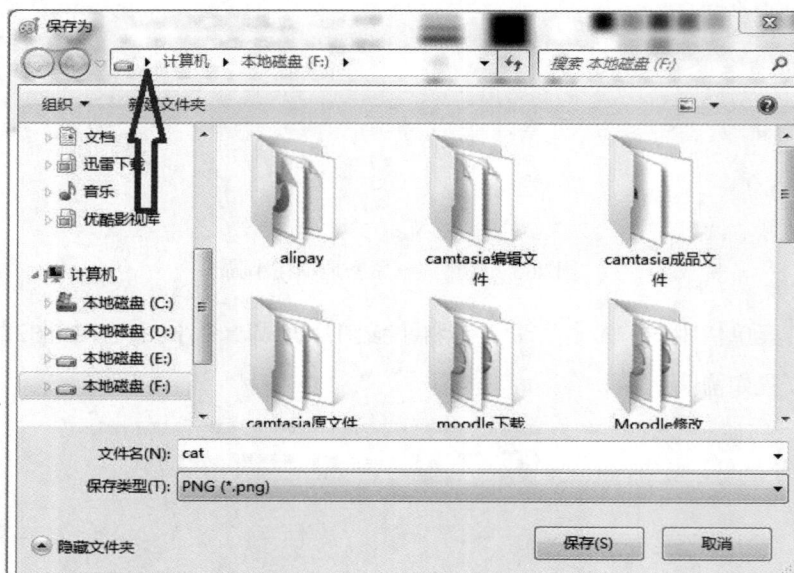

图28-6　"保存为"对话框

第二步：认识加载图像语句

我们主角的图像如何放入画面中呢？其语句如代码清单28-1所示。

代码清单28-1 把画像放在画面里

```
1  img=pygame.image.load("f:/cat.png")
2  screen.blit(img,(50,50))
```

第1句调用pygame.image.load()函数，载入一个图像，括号内是载入图像的地址（这里是按第一步保存在F盘中的情况所写）。地址是字符串型，所以放入引号中，并把这个图像命名为img。

第2句screen.blit()函数的作用是把括号内的图像放到screen表面，blit有传送的意思，screen表面可以看作动画的窗口表面。(img,(50,50))中img是第1句建立的图像，(50,50)是图像放在screen表面的坐标位置，

第三步：认识加载声音语句

我们还不会编曲，所以就找一段现成的音乐使用吧，比如计算机自带的音乐。一般可以在c:/user/public/music（或"c:/用户/公用/公用音乐"）文件夹里找到计算机的示例音乐。为了后面输入方便，我们可将选中的那段音乐复制到F盘下。把声音加入程序中的语句如代码清单28-2所示。

代码清单28-2 将一段音乐加入程序

```
1  pygame.mixer.music.load("f:/Kalimba.mp3")
2  pygame.mixer.music.play(-1,0.0)
```

第1句调用pygame.mixer.music.load()函数，把括号内的声音文件载入程序，Kalimba.mp3是我选中的音乐（你选中的音乐文件名可能与此处不同）。pygame可以加载WAV、MP3等格式的文件。

第2句调用pygame.mixer.music.play()函数，开始播放声音文件，括号内第一个参数表示循环次数，-1表示"无限循环"；第二个参数表示从第几秒开始播放声音文件，0.0表示"从头开始"。

第四步：加载文本语句

我们还要把动画的名字cat run显示在画面上，其语句如代码清单28-3所示。

代码清单28-3　显示动画的名字

```
1   fontObj=pygame.font.Font('freesansbold.ttf',32)
2   textRectobj=fontObj.render("cat run",True,(0,255,0))
3   screen.blit(textRectobj,(0,0))
```

第1句调用 **pygame.font.Font()** 函数建立一个文字对象，并命名为 **fontObj**，括号内依次规定了该对象的字体形式为 freesansbold.ttf，字体大小为32。

第2句调用 **fontObj.render()** 函数建立一个矩形文本框对象，并命名为 **textRectobj**，括号内依次规定了该对象的文字内容是 **cat run**，显示效果参数是 **True**，文字显示颜色是 **(0,255,0)**。

第3句的作用是把文本框对象 **textRectobj** 复制到 **screen** 表面上，位置坐标为 **(0,0)**。

第五步：编写程序

按照上面的方法，再融入上次的鼠标控制动画的程序中，就可以完成"小猫乱跑"动画了。完整程序如代码清单28-4所示。

注意，这里用变量 catpos 表示小猫图片的位置。因此，移动时会把鼠标位置 **event.pos** 赋值给 **catpos**，重画小猫时，**screen.blit(img,catpos)** 就以 **catpos** 来重新显示小猫图片 **img** 的位置。不过这里有一点小缺陷，使用 **screen.blit(img,catpos)** 定位图片位置时，不是把 **catpos** 作为图片 **img** 的中心点，而是作为图片的左上角点，所以移动鼠标时，会出现鼠标始终在图片左上角而不是在图片中心的现象。为了解决这个问题，则要引入我们还没学到的内容，所以我决定这里还是不解决这个缺陷为好。

代码清单28-4　test28.1

```
1   import pygame,sys
2   pygame.init()
3   screen=pygame.display.set_mode([640,480])
4   screen.fill([255,255,255])
5   hold_down=False
6   catpos=()
7   img=pygame.image.load("f:/cat.png")
8   screen.blit(img,(50,50))
9   pygame.mixer.music.load("f:/Kalimba.mp3")
10  pygame.mixer.music.play(-1,0.0)
11  fontObj=pygame.font.Font('freesansbold.ttf',32)
```

```
12    textRectobj=fontObj.render("cat run",True,(0,255,0))
13    screen.blit(textRectobj,(0,0))
14    pygame.display.flip()    #显示画面上的所有图像
15    while True:
16        for event in pygame.event.get():
17            if event.type==pygame.QUIT:
18                sys.exit()
19            elif event.type==pygame.MOUSEBUTTONDOWN:
20                hold_down=True
21            elif event.type==pygame.MOUSEBUTTONUP:
22                hold_down=False
23            elif event.type==pygame.MOUSEMOTION:
24                if hold_down:
25                    catpos=event.pos
26                    screen.fill([255,255,255])
27                    screen.blit(img,catpos)
28                    screen.blit(textRectobj,(0,0))
29                    pygame.display.flip()
```

程序中有时用小括号()，有时用中括号[]，这都是有语法要求的，后边会介绍到，现在可先不必细究原因，照做即可。

第六步：输入程序

在SPE中输入代码清单28-4所示的程序，保存为test28.1，然后运行，按下左键并移动鼠标，小猫就开始乱跑了。

第七步：闯关任务

这次画面里加入文字了，我们同样可以修改参数，来改变文字的显示效果，请改变程序中的参数把动画名字的大小、颜色、位置分别改动一下吧。

29 自己做个小游戏

目标

❑ 综合运用前面的知识做个小游戏

引言

我们已经学会了控制动画，又学会了如何在动画中加入图像、声音、文本，现在就可以制作游戏了，只要在上次的动画里加上一个游戏玩法就行了。我们打算这样设计玩法，就是有一条鱼在画面上，一个小球在鱼的位置上左右滚来滚去，我们指挥小猫去吃鱼，但是不能被小球碰到。游戏画面如图29-1所示，虽然看起来很简陋，但毕竟是自己做出来的，而且也帮助打下了编写正式游戏的基础。

图29-1　自制简单的"小猫吃鱼"游戏

第一步：编写程序

先需要按上次的方法做一个鱼的图像，并保存到F盘，然后把前面做过的水平滚动小球和小猫乱跑的程序融到一起。注意，设置小球和鱼的位置坐标时，要保证它们的图像能在同一水平线上。程序中建立小猫图像的对象时命名为**img1**，建立鱼图像的对象时命名为**img2**，完整程序如代码清单29-1所示。

代码清单29-1   test29.1

```
 1  import pygame,sys
 2  pygame.init()
 3  screen=pygame.display.set_mode([640,480])
 4  screen.fill([255,255,255])
 5  x=50
 6  x_speed=5
 7  hold_down=False
 8  catpos=()
 9  img1=pygame.image.load("f:/cat.png")
10  screen.blit(img1,(200,150))
11  img2=pygame.image.load("f:/fish.png")
12  screen.blit(img2,(350,70))
13  pygame.mixer.music.load("f:/Kalimba.mp3")
14  pygame.mixer.music.play(-1,0.0)
15  fontObj=pygame.font.Font('freesansbold.ttf',32)
16  textRectobj=fontObj.render("cat run",True,(0,255,0))
17  screen.blit(textRectobj,(0,0))
18  while True:
19      pygame.draw.circle(screen,[255,0,0],[x+30,80],30,0)
20      pygame.display.flip()    #显示画面上所有图像
21      pygame.time.delay(100)
22      pygame.draw.rect(screen,[255,255,255],[x,50,60,60],0)
23      screen.blit(img2,(350,70))  #当小球与鱼的位置重叠时，抹掉小球的
                                     同时也会抹掉鱼的图形，所以加入重绘
                                     鱼的语句
24      pygame.display.flip()
25      x=x+x_speed
26      if x>screen.get_width()-60 or x<0:
27          x_speed=-x_speed
28      for event in pygame.event.get():
29          if event.type==pygame.QUIT:
30              sys.exit()
31          elif event.type==pygame.MOUSEBUTTONDOWN:
32              hold_down=True
33          elif event.type==pygame.MOUSEBUTTONUP:
34              hold_down=False
35          elif event.type==pygame.MOUSEMOTION:
```

```
36              if hold_down:
37                  catpos=event.pos
38                  screen.fill([255,255,255])
39                  screen.blit(img2,(350,70))
40                  screen.blit(img1,catpos)
41                  screen.blit(textRectobj,(0,0))
42                  pygame.display.flip()
```

这个程序虽然有点长，但都是我们前面用过的内容，所以就不解释了，大家耐心看看，应该都是可以看明白的。

第二步：输入程序

在SPE中输入代码清单29-1所示的程序，保存为test29.1，运行后控制小猫去吃鱼吧。请尽量不要被小球碰到啊！

第三步：闯关任务

通过修改参数，可以加快小球的移动速度，增加游戏难度，请试着做一下吧。

30 打倒三号纸老虎

目标

❑ 安装prettytable

引言

计算机处理表的能力也很厉害。这里，我们需要用到Python的**prettytable**模块，它具有显示表的功能，可以使我们非常直观地看到表。现在就来安装这个模块，下面是安装步骤，我们一起来打倒三号纸老虎。

第一步：下载软件

打开图灵社区，至本书主页的"随书下载"并点击下载，解压后找到下面两个软件：

❑ py-setuptools
❑ prettytable-0.7.2

第二步：安装py-setuptools

双击py-setuptools压缩包里的setuptools，弹出如图30-1所示的界面，一直点击"下一步"，直至最后点击"完成"即可。

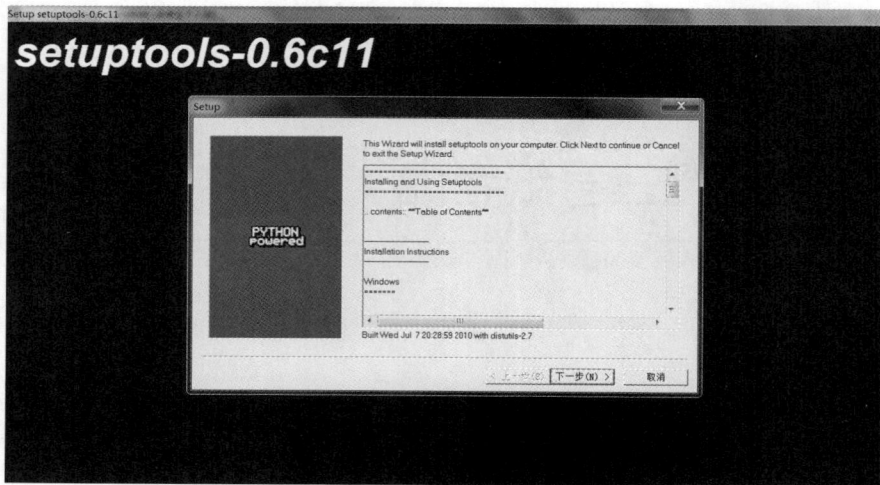

图30-1   安装py-setuptools

第三步：安装prettytable

(1) 把prettytable-0.7.2压缩文件解压到C盘。

(2) 点击桌面左下角的"开始"，在搜索框中输入cmd命令，如图30-2所示。

图30-2   在"开始"菜单的搜索框中输入cmd命令

(3) 回车后进入控制台，如图30-3所示。

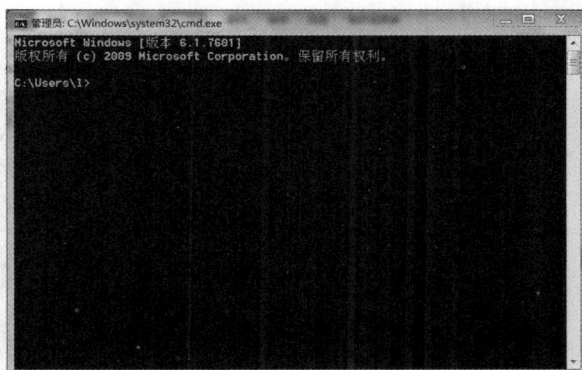

图30-3　打开的控制台界面

(4) 输入**cd**并回车，提示盘符变为**C:\>**，如图30-4所示。

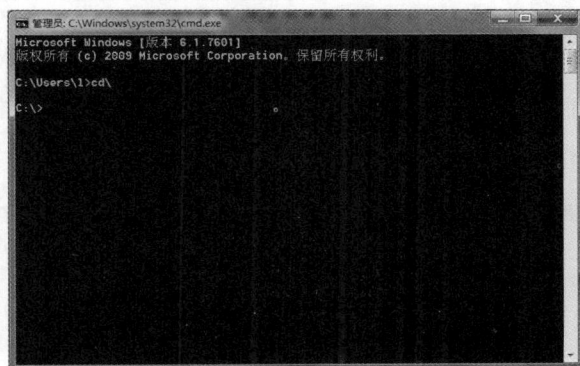

图30-4　进入C盘根目录

(5) 输入**cd prettytable-0.7.2**，如图30-5所示，进入prettytable-0.7.2文件夹。

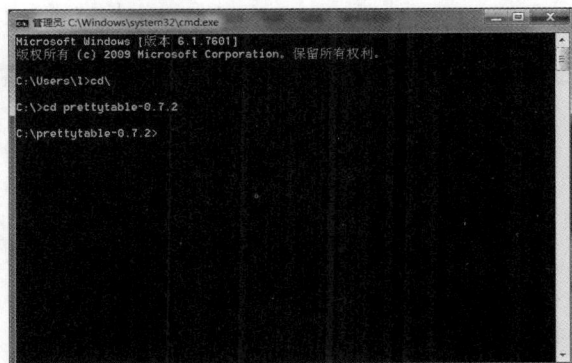

图30-5　进入prettytable-0.7.2文件夹

(6) 再接着输入Python setup.py install并回车，如图30-6所示，然后会涌现一堆字母，等停止后关闭窗口即可。

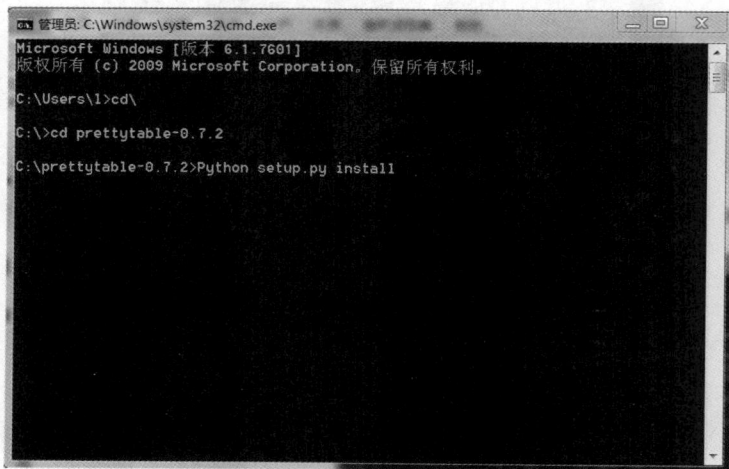

图30-6 安装过程的界面

(7) 安装完毕，打开IDLE，输入**import prettytable**，如不报错，说明安装成功（如图30-7所示），即可使用了。

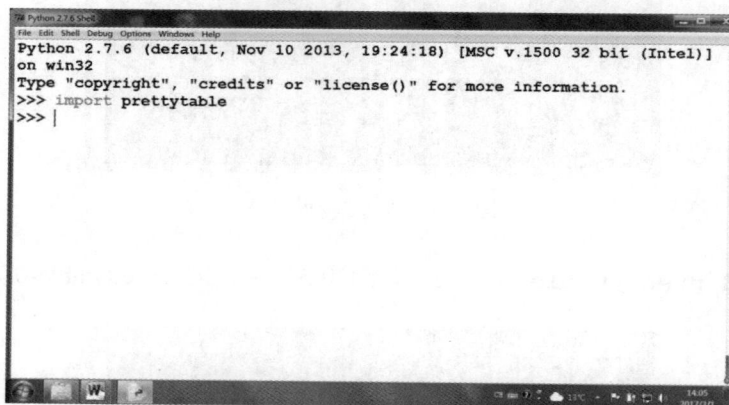

图30-7 安装成功

31 考试分数出来了

目标

☐ 明白列表的含义

引言

每次考试结束后，老师都会把班级里学生的考试成绩汇总在一起，形成一张分数表，如图31-1所示。

姓名	语文	数学	英语	物理	化学	生物
小王	83	65	72	77	65	60
小华	92	74	63	63	56	49
小李	96	81	85	92	82	78
小明	73	90	82	51	57	45
小丽	98	62	74	53	85	58
小凡	65	78	90	84	87	67
小凯	88	86	65	86	76	64
小琳	78	75	92	89	73	72
小璐	66	91	94	60	82	80

图31-1　分数表

你知不知道，这张小小的表其实算得上人类的一项大发明？因为有了表，各个数据看起来非常清楚，而且人们对这些数据进行处理的时候也十分方便准确。比如有了这张表，考试成绩查看起来就非常方便，否则老师只能用文字把这张表的内容表述出来，就像这样："小王的语文83，小王的数学65……小华的语文92，小华的数学74……小李的语文96……"这么写上一大段都不见得能写完，和上面的那张表比起来，会让查分数的人看得眼花缭乱，而要是对学生的成绩进行比较、统计等工作，就更困难了。

既然表对处理数据这么有用，我们能不能用计算机来完成表处理工作呢？其实，计算机处理这种事情是非常厉害的，下面我们先用计算机显示一个表。为了简单一些，我们只显示一个小表，表中只有小王、小华、小李3个人的成绩，并且只有3人的语文、数学、英语3门成绩。

第一步：学习新单词

新单词：Chinese（语文）、math（数学）、English（英语）、person（人）、mark（分数）、field（字段）、add（加）、row（行）。

因为**prettytable**模块在汉字处理上还不完善，这里我们把所有的汉字都转换成英文。课程名称英文为：Chinese（语文）、math（数学）、English（英语）。人的姓名用拼音表示为：xiaowang（小王）、xiaohua（小华）、xiaoli（小李）。所以要显示的表如图31-2所示。

name	Chinese	math	English
xiaowang	83	65	72
xiaohua	92	74	63
xiaoli	96	81	85

图31-2　用英文显示的小表

第二步：列表概念

我们前面介绍过数据类型的概念，现在介绍一种新数据类型——"列表"。图31-3所示就是一个列表，是图31-2中xiaowang的那一行数据形成的列表。

['xiaowang',83,65,72]

图31-3　列表

当把多个数据按顺序排成一个队列时，数据及其所在的位置共同形成了一个整体数据，这种类型的数据就是"列表"。如图31-4所示，当我们确定这个队列时，不但要求队列里的人一样，而且还要求人的排列顺序也一样。也就是说，列表同时包含数据和顺序。它用中括号 [ ] 表示，各个数据放在中括号内，数据之间用逗号隔开。此外，我们也可以认为，列表像是一个只有一行的表。

图31-4　队列中的人

第三步：编写程序

表第一行对整个表很重要，因为这行标明表里数据代表的意思，比如有了图31-2中的第一行，下面格子里的数据就确定是人名还是哪一科的成绩了，而这一行专门用 `field_names`（字段名）表示。建立完整表的程序如代码清单31-1所示。

代码清单31-1　test31.1

```
 1  from prettytable import PrettyTable
 2  mark=PrettyTable()
 3  field=['name','Chinese','math','English']
 4  person1=['xiaowang',83,65,72]
 5  person2=['xiaohua',92,74,63]
 6  person3=['xiaoli',96,81,85]
 7  mark.field_names=field
 8  mark.add_row(person1)
 9  mark.add_row(person2)
10  mark.add_row(person3)
11  print mark
```

第1句，从`prettytable`模块引入`PrettyTable()`函数，该函数用于建立表。

第2句，使用`PrettyTable()`函数建立一个名为`mark`的空表对象。

第3句~第6句，把表的各行数据建立成列表形式，并进行命名。

第7句，定义了`mark`表的字段名的数据，即第一行的数据。

第8句~第10句，使用`add_row()`函数可以向表里加入普通行的数据。

第四步：输入程序

在IDLE中输入代码清单31-1所示的程序，保存为test31.1，然后运行，在Python 2.7.6 Shell中显示出表。

第五步：闯关任务

菠菜、茄子、萝卜、油菜是我们生活中经常吃到的蔬菜，营养学家们对它们进行了仔细的研究，确定了每100克这些菜里含有的蛋白质、维生素A、维生素C、钙、铁等微量元素的含量。现在我把这些都告诉你：菠菜的蛋白质为2600毫克，维生素A为487毫克，维生素C为32毫克，钙为66毫克，铁为2.9毫克；茄子的蛋白质为1100毫克，维生素A为8毫克，维生素C为5毫克，钙为24毫克，铁为0.5毫克；萝卜的蛋白质为900毫克，维生素A为3毫克，维生素C为21毫克，钙为36毫克，铁为0.5毫克；油菜的蛋白质为1800毫克，维生素A为103毫克，维生素C为36毫克，钙为108毫克，铁为1.2毫克。是不是很乱？请你在纸上画一个表把这些数据表示出来，然后编写程序在计算机中显示出这个表。

英文替换：spinach（菠菜）、eggplant（茄子）、radish（萝卜）、rape（油菜）、

protein（蛋白质）、Va（维生素A简写）、Vc（维生素C简写）、Ca（钙）、Fe（铁）。

32 修改考试分数表

目标

❑ 认识修改列表的语句

引言

在实际使用中，我们经常会根据需要修改表内容，比如在上一次做的分数表里再加一个物理分数，如图32-1所示。上次如果是手画的表，修改起来就很麻烦，甚至只能重新画一张了，但是用计算机做的表修改起来很方便，我们来改一下吧。

姓名	语文	数学	英语	物理
小王	83	65	72	77
小华	92	74	63	63
小李	96	81	85	92

图32-1　在成绩表中增加"物理"成绩

第一步：学习新单词

新单词：physics（物理）、append（增加）。

第二步：追加列表元素语句

怎么修改原来的表呢？大家很容易想到，只要在每行数据建立列表时追加一项物理成绩就可以了。对表第一行的列表进行修改的方法如代码清单32-1所示。

代码清单32-1　直接在列表中加入数据

```
field=['name','Chinese','math','English']
```

现在改成：

```
field=['name','Chinese','math','English','physics']
```

这样当然可以，但是这样直接在列表中改动数据，很容易就因为不小心改变了列表里原来的内容，从而造成新的问题。最好的方法是不去改变原列表，而是使用列表的增加命令append，其语句如代码清单32-2所示。

代码清单32-2　使用append()加入元素

```
1   field=['name','Chinese','math','English']    #建立列表
2   field.append('physics')                      #向列表中增加元素
```

结果：

```
field=['name','Chinese','math','English','physics']
```

第三步：修改程序

打开程序test31.1，使用append()方法对这个程序进行修改，然后可显示出图32-1所示的表，其完整程序如代码清单32-3所示。

代码清单32-3　test32.1

```
1    from prettytable import PrettyTable
2    mark=PrettyTable()
3    field=['name','Chinese','math','English']
4    field.append('physics')
5    person1=['xiaowang',83,65,72]
6    person1.append(77)
7    person2=['xiaohua',92,74,63]
8    person2.append(63)
9    person3=['xiaoli',96,81,85]
10   person3.append(92)
11   mark.field_names=field
12   mark.add_row(person1)
13   mark.add_row(person2)
14   mark.add_row(person3)
15   print mark
```

上面只是增加了第4句、第6句、第8句、第10句内容，用来添加新的数据进入各行列表。修改好后请保存为test32.1，运行并查看结果。

🐛 第四步：扩展列表元素语句

新单词：chemistry（化学）、extend（扩展）。

如果我们的表要从只有三门课的原始表直接改成图32-2，即加入物理和化学两门成绩呢？请注意，**append()** 方法一次只能加入一个元素。

姓名	语文	数学	英语	物理	化学
小王	83	65	72	77	65
小华	92	74	63	63	56
小李	96	81	85	92	82

图32-2　在成绩表中增加"物理"和"化学"两门成绩

使用 **extend()** 方法可以一次向列表中追加多个元素，其语句如代码清单32-4所示。

代码清单32-4　用 extend() 一次追加多个元素

```
1  field=['name','Chinese','math','English'],
2  field.extend('physics','chemistry')
```

结果：

```
field=['name','Chinese','math','English','physics','chemistry']
```

请打开程序test32.1，使用 **extend()** 方法进行修改，保存为test32.2，最终可显示出如图32-2所示的表。

🐛 第五步：插入列表元素语句

新单词：insert（插入）。

现在我们又要显示如图32-3所示的表了，看看它和图32-1中的表有什么不一样的。这次"物理"成绩被加到"数学"和"英语"之间，不是从原来数据的末尾添加的了，而 **append()** 和 **extend()** 方法只能从末尾添加元素。

姓名	语文	数学	物理	英语
小王	83	65	77	72
小华	92	74	63	63
小李	96	81	92	85

图32-3　将"物理"成绩追加到"数学"和"英语"之间

insert() 方法可以在列表中的任意位置添加元素，其语句如代码清单32-5所示。

代码清单32-5　使用insert()方法追加元素

```
1  field=['name','Chinese','math','English'],
2  field.insert(3,'physics')
```

结果：

```
field=['name','Chinese','math','physics','English']
```

第2句的括号中，第一个参数是3，它是插入位置的顺序号；第二个参数是'physics'，是插入的元素值。为什么顺序号是3，实际位置数下来是第四个呢？因为第一个数据name的顺序号为0。

> 为什么第一个数据的顺序号从0开始？因为最早的计算机储存量小，为了节约存储空间，一个数字都不浪费，所以顺序编号从0开始，到了现在就习惯成自然了。

请打开程序test32.1，使用insert()方法进行修改，然后保存为test32.3，便可显示出如图32-3所示的表。

第六步：删除列表元素语句

新单词：remove（移除）、del（删除）。

现在我们想修改程序test32.3，让它还是显示原始的只有语文、数学和英语成绩的表，就需要把"物理"成绩删除。

remove()和del()两种方法都可以实现我们的目的，但使用上略有不同：remove()方法的语句如代码清单32-6所示，del()方法的语句如代码清单32-7所示。

代码清单32-6　使用remove()方法删除元素

```
1  field=['name','Chinese','physics','math','English']
2  field.remove('physics')
```

结果：

```
field=['name','Chinese','math','English' ]
```

代码清单32-7　使用del()方法删除元素

```
1  field=['name','Chinese','math','physics','English']
2  del field[3]
```

结果：

```
field=['name','Chinese','math','English' ]
```

对比一下可以看出，`remove()`方法的参数是元素值，`del()`方法的参数是位置顺序号。因此，当你只知道删除什么数据时就用`remove()`方法，当只知道删除什么位置的数据时就用`del()`方法。

请打开程序test32.3，用`remove()`或`del()`方法修改程序，然后保存为test32.4，便可显示出原始的表了。

第七步：闯关任务

把上次闯关时完成的程序打开，完成下面的任务。

(1) 在蔬菜的营养成分表中加入一项营养指标——膳食纤维（DF），如图32-4所示。

菜名	膳食纤维
菠菜	1700
茄子	1300
萝卜	600
油菜	1100

图32-4　膳食纤维含量表

(2) 在表中再加入一项营养指标——碳水化合物（CHO），如图32-5所示，而且必须放在所有营养元素的最前面。

菜名	碳水化合物
菠菜	2800
茄子	3600
萝卜	400
油菜	2700

图32-5　碳水化合物含量表

(3) 用`remove()`方法删掉表中的膳食纤维项，用`del()`方法删掉表中的碳水化合物项。

(4) 再同时加入膳食纤维项和碳水化合物项。

33 此处无表胜有表

目标

❏ 明白表的结构
❏ 明白程序中如何表示表数据的位置

引言

我们对表已经非常熟悉了，但是还没有了解表的结构，表的结构就是指表是怎样组成的。如图33-1所示，每一列的数据叫作"字段"，每一行的数据叫作"记录"。所以，说出是表里第几条记录的第几个字段，就能确定是表里的哪个数据了。

姓名	语文	数学	英语	物理	化学	生物
小王	83	65	72	77	65	60
小华	92	74	63	63	56	49
小李	96	81	85	92	82	78
小明	73	90	82	51	57	45
小丽	98	62	74	53	85	58
小凡	65	78	90	84	87	67
小凯	88	86	65	86	76	64
小琳	78	75	92	89	73	72
小璐	66	91	94	60	82	80

图33-1 记录与字段

但是表的第一行不是记录，叫字段名，有了这一行，下面每列数据的名称就确定了，比如："语文"下面都是语文成绩，"数学"下面都是数学成绩，所以"语文""数学"就是字段名。字段名往下，一行数据就是一条记录。所以表可以看作由字段名和记录两部分组成。

我们一般在查看表时，并不想把整个表都看一遍，只是想找出自己关心的内容，这就需要进行数据处理。我们前面创建过表，但那种创建方法只是为了把表显示出来，使读者对表有个直观感受，其实并不是计算机正常使用的表创建方式。下面，我们看一下程序中真正的表创建方法。虽然这种方法根本看不到表的样子，但处理数据的时候很方便，称得上"无表胜有表"。

第一步：创建表

在程序中创建表时，我们一般采用"列表的列表"来输入表，其形式为 `[[],[],[],[],…]`。这就是说，用列表作为一个个元素再组成一个大列表，具体示例如图33-2所示。

字段名用列表表示为：['姓名','语文','数学','英语','物理','化学','生物']

小王的成绩用列表表示为：['小王',83,65,72,77,65,60]、

小华的成绩用列表表示为：['小华',92,74,63,63,56,49]、

这3行组成的表为：

[['姓名','语文','数学','英语','物理','化学','生物'],['小王',83,65,72,77,65,60], ['小华',92,74,63,63,56,49]]

图33-2　列表的列表如何组成

可以看出，"列表的列表"就是由列表组成的列表，也可以称为"二维列表"。因为这时定位某个数据时就得用两个顺序来定位了，比如用x、y作为顺序号，其中x表示是最外层[]里面包含的某个[]的顺序号，y表示第x号[]里数据的顺序号。举个例子，"小王"这个数据在图33-2最后组成的表里顺序号为1、0（切记顺序号都从0开始），它的位置就用[1][0]表示，所以表名+[1][0]就表示"小王"这个数据。

第二步：数据处理

新单词：sort（排序）。

老师要对表里所有的数学成绩从小到大进行排序，现在让我们帮他完成这个工作吧。`sort()`是列表的排序方法，只要把所有的数学成绩都放在一个列表里，用这个方法就能自动排好序了。

第三步：编写程序

把图33-1所示的表按"列表的列表"方法输入，并对其中的数学成绩进行排序的程序如代码清单33-1所示。

代码清单33-1　test33.1

```
 1    field=['姓名','语文','数学','英语','物理','化学','生物']
 2    person1=['小王','83','65','72','77','65','60']
 3    person2=['小华','92','74','63','63','56','49']
 4    person3=['小李','96','81','85','92','82','78']
 5    person4=['小明','73','90','82','51','57','45']
 6    person5=['小丽','98','62','74','53','85','58']
 7    person6=['小凡','65','78','90','84','87','67']
 8    person7=['小凯','88','86','65','86','76','64']
 9    person8=['小琳','78','75','92','89','73','72']
10    person9=['小璐','66','91','94','60','82','80']
11    mark=[field,person1,person2,person3,person4,person5,
      person6,person7,person8,person9]
12    mark_math=[]
13    for i in range(1,10,1):
14        mark_math.append(mark[i][2])
15    mark_math.sort()
16    print mark_math
```

由于不用把表显示出来，就没有因为显示中文带来的问题，所以输入数据时可以使用中文了。虽然输入很累，但这次输好以后，后面都可以使用，所以辛苦一次就行了。

第1~10句是把表里每行建立成列表，第11句使用"列表的列表"建立完整的表，并命名为mark。

第12句建立一个空列表mark_math，准备用来存放所有人的数学成绩。

第13~14句是要重点注意的地方。我们用循环的方法把每个人的数学成绩放入列表mark_math中，关键是要找出所有数学成绩的位置（从图33-1中可以看出，数学成绩的位置为mark[1][2]到mark[9][2]），使用append()方法把每个数学成绩追加到mark_math中。注意，第14句中append后面括号里使用了mark[i][2]，想想我们前面说过的循环时i的变化方式，这里是否实现了把mark[1][2]到mark[9][2]放入列表mark_math中的效果。

第15句为对mark_math列表排序的命令。

上面的排序自动按数字从小到大进行。如果在sort的括号里加入**reverse=
True**（**reverse**意为"相反的"），如**mark_math.sort(reverse=True)**，
就会从大到小排序。

你可能觉得写个程序这么麻烦，还不如直接在表上用眼睛找快呢。当然，对于这样
的小表可以如此，可是实际工作中的表可能非常庞大，几百条、几千条记录都算少的，
几十万、上百万条记录都很常见，用眼睛找就不行了。

第四步：输入程序

输入代码清单33-1所示的程序，保存为test33.1，然后运行，检查结果是否正确。

第五步：闯关任务

请参照本次程序，用列表的列表方法，把第31次闯关任务中给出的蔬菜营养成分输
入程序中成为一个表，然后让计算机按从小到大的顺序显示这个表中的蛋白质含量值。

34 数据仓库小管家

目标

❑ 明白if语句中and、or、not的用法
❑ 认识占位符pass

引言

计算机处理数据的能力非常强大，现在人类社会的数据工作基本上都交给计算机来做了，所以计算机可以称为人类的"数据仓库小管家"，下面我们就请这个"小管家"帮助我们找出想要的数据。

第一步：70至80之间的数学成绩

如何在成绩表中找出70至80之间的数学成绩呢？按我们前面的方法，先建立一个空列表，再把所有的数学成绩与70和80比较，发现处于70到80之间的成绩，就把它加入这个列表，其程序如代码清单34-1所示。

代码清单34-1　test34.1

```
1    field=['姓名','语文','数学','英语','物理','化学','生物']
2    person1=['小王','83','65','72','77','65','60']
3    person2=['小华','92','74','63','63','56','49']
4    person3=['小李','96','81','85','92','82','78']
5    person4=['小明','73','90','82','51','57','45']
6    person5=['小丽','98','62','74','53','85','58']
7    person6=['小凡','65','78','90','84','87','67']
8    person7=['小凯','88','86','65','86','76','64']
9    person8=['小琳','78','75','92','89','73','72']
```

```
10    person9=['小璐','66','91','94','60','82','80']
11    mark=[field,person1,person2,person3,person4,person5,
      person6,person7,person8,person9]
12    mark_math7080=[]
13    for i in range(1,10,1):
14        if int(mark[i][2])>70:
15            if int(mark[i][2])<80:
16                mark_math7080.append(mark[i][2])
17            else:
18                pass
19        else:
20            pass
21    print mark_math7080
```

第1句~第11句用于建表，第12句建立空列表**mark_math7080**。

第13句~第20句用循环语句比较所有的数学成绩，判断是否大于70小于80，符合条件的追加到**mark_math7080**中。其中的**pass**称为占位符，其作用是当这个分支上没有语句执行时，就可以写个**pass**放在那里，实际上什么也不会发生。注意与70、80比较时**int(mark[i][2])**的写法，因为输入表的成绩时都加了引号，所以成绩是字符串型，因此先变为整数类型，才能进行大小比较。

由于上次已经输入过表了，现在打开程序test33.1，从第12句开始修改成代码清单34-1所示的内容，另存为test34.1，运行后查看结果。

🚂**第二步：改进程序**

上面使用嵌套结构来完成大于70和小于80这两个条件的判断，这样做有点麻烦。其实，在语句中使用**and**、**or**、**not**，可以简化判断条件的写法，因为程序中第1句~第11句都是在输入表，所以这里只从第12句开始改写，如代码清单34-2所示。

代码清单34-2　使用and写条件

```
12    mark_math7080=[]
13    for i in range(1,10,1):
14        if int(mark[i][2])>70 and int(mark[i][2])<80:
15            mark_math7080.append(mark[i][2])
16        else:
17            pass
18    print mark_math7080
```

关键是第14句，使用and可以使两个条件（`mark[i][2]>70`和`mark[i][2]<80`）并列使用，这样就不必使用嵌套结构了，简化了程序语句。

打开程序test34.1，从第13句开始修改为代码清单34-2所示的内容，保存为test34.2，然后运行。

第三步：70~80之外的数学成绩

如要找出70~80分之外的数学成绩，就要满足小于70或者大于80的条件，这时不能使用and把两个条件并列起来，而要使用or使<70和>80两个条件组成"或"的关系，也就是说只要符合其中一个条件就是满足条件了，所以代码清单34-2中的第14句要改成代码清单34-3所示的内容，请试一下吧。

代码清单34-3　使用or写条件

```
if int(mark[i][2])<70 or int(mark[i][2])>80:
```

第四步：及格和不及格的成绩

对于考试成绩，最重要的区别是及格还是不及格。我们都知道如果成绩大于等于60分就是及格了，所以如果要把及格的数学成绩显示出来，就要满足条件≥60。可是键盘上无法输入符号≥，不信你可以找找看。不过，及格的反义就是不及格，不及格的条件是<60，如果不<60就是及格了，而<符号很容易用键盘打出来，所以前面加上not进行否定就可以了。这里用列表`mark_math60`存放及格的数学成绩，从第12句开始的程序如代码清单34-4所示，请试一下吧。

代码清单34-4　使用not写条件

```
12  mark_math60=[]
13  for i in range(1,10,1):
14      if not int(mark[i][2])<60:
15          mark_math60.append(mark[i][2])
16  print mark_math60
```

其实≥这个运算符在程序中是用>=表示的，这里为了说明not的用法，故意不使用这种写法。

第五步：闯关任务

如果完成了31关的任务，你应该已经有了输入蔬菜营养成分表的程序，请在这个程序上加入语句，找出表中大于1500毫克的蛋白质含量值。

35 列表还有两兄弟

目标

❑ 认识元组和字典
❑ 明白字典的使用方法

引言

对于[1,2,3,4,5]这种用中括号包起来的数据，我们已经知道是列表。列表作为一种数据结构，可以把一系列数据组织起来。还有两种数据结构的外形和作用与列表很相似，就像是列表的两个兄弟一样，它们是元组和字典。

第一步：元组和字典的形式

先来看图35-1中的数据表示形式。

```
列表：[1,2,3,4,5]
元组：(1,2,3,4,5)
字典：{
        "小王"：139xxxx2345,
        "小华"：138xxxx4567,
        "小李"：136xxxx5678
        }
```

图35-1 列表、元组、字典三兄弟

用小括号包起来的数据结构就是"元组"。元组的独特之处是，一旦建立了，就不能修改其中的内容，即无法对元组的内容进行增加、替换、删除、插入等操作。因为元组内的数据不可变，所以代码更安全一些。

当元组中只有一个元素时，例如只有1，要写成(1,)，即在1后面加一个逗号。这是因为小括号在程序中既可以表示元组，又可以表示数学公式中的小括号，所以就会产生歧义；如果只写成(1)，()就表示小括号，而不是含有1这个元素的一个元组。

这样用大括号包起来的数据结构就是"字典"。字典的独特之处是，元素必须由两个对应的数据组成。例如图中，我们用字典建立一个关于学生电话号码的数据结构，由人的姓名和电话号码一对数据组成一个元素，一对数据之间用"："（冒号）隔开，元素之间用"，"（逗号）隔开，这就是字典的特点。我们也可以把所有数据都写在一行上，但为了清晰，一般都是一对数据单独放在一行上。

元组的使用与列表基本相同，我们就不专门介绍了，下面主要看一下字典的使用。

第二步：字典的使用

使用字典时，通常把每对数据中前面的那个作为关键字，通过关键字就能找出后面的数据。我们建立一个phone（电话）字典，实际操作一下，程序如代码清单35-1所示。

代码清单35-1　字典示例

```
1  phone={
       "小王":139xxxx2345,
       "小华":138xxxx4567,
       "小李":136xxxx5678
   }
2  print phone["小李"]
```

第1句建立了名为phone的字典，当我们想找出小李的电话号码，只要使用第2句中的phone["小李"]就能表示小李的电话号码。

而且在字典中插入或修改数据也可通过关键字进行。例如，我们在这个字典中加入小明的电话，再修改小李的电话，如代码清单35-2所示。

代码清单35-2　通过关键字插入和修改字典数据

```
1  phone={
       "小王":139xxxx2345,
       "小华":138xxxx4567,
       "小李":136xxxx5678
```

```
      }
2    phone["小明"]=135xxxx4789              #加入小明的电话
3    phone["小李"]=135xxxx6543              #修改小李的电话
```

这样使用非常方便，所以我们遇到成对的数据时最好使用字典，使两个数据关联起来。

第三步：查找学生成绩

新单词：course（课程）。

使用字典可以做出在成绩表中查找一个学生成绩的程序，具体思路是：把姓名作为关键字，和要查的那门课程的成绩作为一个数据对，组成字典，这样就能用姓名直接查成绩了。程序如代码清单35-3所示。

代码清单35-3   test35.1

```
1    field=['姓名','语文','数学','英语','物理','化学','生物']
2    person1=['小王','83','65','72','77','65','60']
3    person2=['小华','92','74','63','63','56','49']
4    person3=['小李','96','81','85','92','82','78']
5    person4=['小明','73','90','82','51','57','45']
6    person5=['小丽','98','62','74','53','85','58']
7    person6=['小凡','65','78','90','84','87','67']
8    person7=['小凯','88','86','65','86','76','64']
9    person8=['小琳','78','75','92','89','73','72']
10   person9=['小璐','66','91','94','60','82','80']
11   mark=[field,person1,person2,person3,person4,person5,
     person6,person7,person8,person9]
12   dict_course={
         "语文":1,
         "数学":2,
         "英语":3,
         "物理":4,
         "化学":5,
         "生物":6
     }
13   name=raw_input("输入姓名")
14   course=raw_input("输入课程")
15   j=dict_course[course]
16   dict={}
17   for i in range(1,10,1):
18       x=mark[i][0]
19       y=mark[i][j]
20       dict[x]=y
21   print dict[name]
```

第1句~第11句还是建立整个表并命名为mark。

第12句建立一个名为dict_couse的字典，这个字典中1、2、3等是课程成绩在每行的位置顺序，即语文的位置顺序号为1，数学的位置顺序号为2（以此类推），这是为了后面能根据输入的课程名称确定成绩的位置顺序。

第13句~第14句将输入的学生姓名和课程名称命名为name和course。

第15句根据输入的课程名称，用dict_couse字典确定课程的位置顺序，并命名为j。

第16句建立一个名为dict的空白字典。第17句~第20句用循环结构把表里每行的姓名和j顺序号的成绩组成数据对，并加入dict字典里。x依次为学生姓名，y依次为j位置的课程成绩。

第21句根据输入的姓名，用dict字典显示出对应的成绩。至此根据输入的姓名和课程查找出具体成绩的程序就完成了。

第四步：输入程序

打开程序test33.1，如代码清单35-3所示进行修改，保存为test35.1，运行并查看结果。

这个程序每运行一次只能实现一次查找，不过只要在第1句前加一句while True：，就能反复使用了（前面已经用过这个方法，不知你是否能想到）。

第五步：闯关任务

还是使用前面已经输入的蔬菜营养成分表，请编写一个可以查询表中蔬菜的各营养成分的程序。

36 了解函数的执行

目标

❑ 明白函数的调用

引言

大家还记得前面说过的函数吗？用**def**语句进行定义的就是函数。函数在解决我们遇到的问题时十分有用，但用好它并不容易。我们必须非常了解函数的用法，才能发挥出它的威力，所以还要更深入地了解函数是如何执行的。

第一步：函数的调用

我们一定要明白函数的执行方式，不是遇到函数就开始执行，而是在调用它时才开始执行。我们可以把组成一个函数的语句看作一个程序块，第一行的**def**语句只是起到定义函数的作用，并不是开始执行这个程序块的语句；一般在定义好一个函数后，再次使用这个函数名字时，才开始执行这个程序块，我们把这个动作称为"调用函数"。下面我们通过4个例子来体会一下函数调用，这4个程序是关于显示出1、2、3这3个数字的。请先运行每个例子，再看解释。

代码清单36-1中的第2句~第4句虽然定义了函数two()，但第2句~第4句并没有被执行，因为程序中没有调用函数，所以2不会显示出来。

代码清单36-1　示例一

```
1  print 1
2  def two():
```

```
3        print 2
4        return
5    print 3
```

代码清单36-2中第2句~第4句定义了函数two()，第6句调用函数two()，所以实际执行时第2句~第4句是在第6句的位置执行的，最后结果先显示1、3，最后显示2。

代码清单36-2　示例二

```
1    print 1
2    def two():
3        print 2
4        return
5    print 3
6    two()
```

代码清单36-3中第2句~第4句先定义了函数two()，第5句调用函数two()，最后结果按顺序显示1、2、3。

代码清单36-3　示例三

```
1    print 1
2    def two():
3        print 2
4        return
5    two()
6    print 3
```

代码清单36-4的结果是出现一堆红字，表示出现错了。这是因为第2句就调用函数two()，而第3句~第5句才定义函数two()，这样在调用two()时，程序不知道two()是什么，这个顺序错了（必须先定义函数才能调用函数）。

代码清单36-4　示例四

```
1    print 1
2    two()
3    def two():
4        print 2
5        return
6    print 3
```

第二步：函数间调用

新单词：multiply（乘法）、product（乘积）。

如果计算 2 × (1+2+3+4+5)=？，平常的计算过程分两步进行，先算括号内的 (1+2+3+4+5)，再乘以2。现在我们用函数来完成这个计算程序，为了层次清晰，也分步来做：先建立一个函数计算第一步，再建立一个函数调用第一个函数的结果，来完成第二步计算，如代码清单36-5所示。

代码清单36-5　test36.1

```
1   def sum(n):
2       sum=0
3       for i in range(1,n+1,1):
4           sum=sum+i
5       return sum
6   def multiply():
7       product=2*sum(5)
8       return product
```

第1句~第5句是可以计算1+2+3+…+n的函数`sum(n)`。第6句~第8句是计算乘以2的函数`multiply()`。第7句是`multiply()`函数的主要计算语句，该句中调用了`sum()`函数，并将`sum()`函数的参数n赋值为5。这样`sum()`函数具体计算内容就是从1加到5了。

为了表明函数及变量的意义，所以函数及变量名字都使用相应的英文单词，有时还加上后缀。拼写有些复杂，其实这些名字可以由编程的人随便取，并不是非得叫这个名字。

输入代码清单36-5所示的程序，保存为test36.1并运行，在Python 2.7.6 Shell中输入 `multiply()`，回车，此时将出现结果30。

第三步：递归调用

我们再看一个有趣的函数调用，一个函数可以在返回值中再调用自己。比如我们要计算1 × 2 × 3 × 4 × 5=？，这是一道阶乘题，阶乘的英文为factorial，我们简写成`fact`作为阶乘函数的名字，程序如代码清单36-6所示。

代码清单36-6 test36.2

```
1  def fact(n):
2      if n==1:
3          return 1
4      else:
5          return n*fact(n-1)
```

第5句就是在函数fact()的返回语句return中又调用函数fact()，这种调用方式称为"递归调用"。我们可以分析一下这个函数的执行，其过程如代码清单36-7所示。

代码清单36-7 fact函数执行过程

```
fact(5)   return 5*fact(4)
fact(4)   return 4*fact(3)
fact(3)   return 3*fact(2)
fact(2)   return 2*fact(1)
fact(1)   return 1,
```

所以：

```
fact(5)   return 5*4*3*2*1
```

输入代码清单36-6所示的程序，保存为test36.2并运行，然后在Python 2.7.6 Shell中输入fact(5)，回车，此时就会出现结果120。递归调用会不停地调用自身，所以必须设一个终止条件，如本例中n等于1就是终止调用的条件。如无把握，请慎用递归调用，因为有可能使程序无限循环。

第四步：闯关任务

比赛时如果有多个评委打分，为了保证打分公平，通常需要去掉一个最高分，再去掉一个最低分，然后取平均分得出选手的得分。请大家完成一个程序，来计算这个打分过程。

先看去掉最高分和最低分的程序。假设有10个评委，评分为x1,x2,x3,x4,x5,x6, x7,x8,x9,x10：

```
1  def dele(x1,x2,x3,x4,x5,x6,x7,x8,x9,x10):     #建立函数dele
2      list10=[x1,x2,x3,x4,x5,x6,x7,x8,x9,x10]   #把评分建立成
                                                      列表list10
3      List10.sort()   #列表里评分排序
4      del list10[0]   #删除列表里第一个评分
5      del list10[8]   #删除列表里最后一个评分，已经删除了一个，所以
                          最后一个顺序号为8
6      return list10
```

再看求8个数据平均值的程序：

```
1   def aver():
2       list8=[x1,x2,x3,x4,x5,x6,x7,x8]    #8个分数组成的列表命名
                                              为list8
3       sum=0.0                            #定义sum=0.0，可以使计算
                                              结果精确到小数位
4       for i in range(0,8,1):            #用循环结构使列表里元素
                                              相加，将和命名为sum
5           sum=sum+list8[i]
6       average=sum/8
7       return average
```

8个分数组成的列表可由dele()函数得出，使用函数间的调用，就可以实现上面要求的功能。

37 函数也能做参数

目标

❑ 认识用函数作为参数的使用方式

引言

通过使用函数，你应该会发现程序中函数名后面都紧跟着一个`()`，如`test()`，括号里是设置参数的地方。如果是一个不带参数的函数，它就只带一个空括号。当函数带着参数时，我们只要改变参数，就能得到不同条件下的结果，使用起来非常方便灵活。让我们设想一下，一个函数能不能做另一个函数的参数呢？是可以的，我们来认识一下这种用法。

第一步：调用加法函数的函数

我们编写一个函数`cal()`，用它调用一个加法函数，如代码清单37-1所示。

代码清单37-1 调用加法函数的函数

```
1  def sum(x,y):
2      return x+y
3  def cal(x,y):
4      return sum(x,y)
```

第1句和第2句建立了一个加法函数`sum()`，第3句和第4句建立了一个函数`cal()`，它返回`sum(x,y)`，所以`cal()`就调用了`sum()`。注意这里的参数传递，比如调用函数时输入`cal(1,2)`，即将`cal`函数中的参数`x`、`y`设为1、2，这些参数在程序执行时就传到函数语句中的变量里，即会执行return sum(1,2)，按此方式，sum(1,2)会执行return 1+2。

第二步：用函数做参数

现在，我们改写代码清单37-1所示的程序，功能一点不变，只是改成参数的形式，如代码清单37-2所示。

代码清单37-2 test37.1

```
1   def sum(x,y):
2       return x+y
3   def cal(x,y,func):
4       return func(x,y)
```

函数这个词的英文简写为func，所以在第3句建立cal()函数时增加一个func参数，第4句改成返回func()函数。func函数是什么，程序中没有定义，就看实际调用cal()函数时，如何向func参数传值了。

输入代码清单37-2所示的程序，保存为test37.1并运行，在Python 2.7.6 Shell窗口输入cal (1,2,sum)，这就是把func参数定义为函数名sum。这时这个程序实际就和代码清单37-1中的程序一样了，因为第一个参数输入1，第二个参数输入2，第三个参数输入sum，所以执行时该函数返回sum(1,2)，此时接着调用sum()，返回1+2，结果为3。

第三步：实际应用

使用函数作为参数，我们可以做出功能很强大，使用又很方便的程序。比如我们做一个可以对两个数字进行四则运算的程序，如代码清单37-3所示。

代码清单37-3 test37.2

```
1   def cal(x,y,func):
2       return func(x,y)
3   def sum(x,y):
4       return x+y
5   def sub(x,y):
6       return x-y
7   def mul(x,y):
8       return x*y
9   def div(x,y):
10      return x/y
```

第1句建立了**cal()**函数，我们可称其为主函数，它包含了3个参数**x**、**y**和**func**。

第3句~第10句分别建立了对两个数进行加、减、乘、除的4个函数。

使用时，调用**cal()**，分别在相应的参数位置上输入**x**、**y**、**func**的值，就能实现想要的运算。本例中**func**的值应从**sum**、**sub**、**mul**、**div**，即程序中定义的4个函数中选取，因为程序中是把这个参数作为函数名使用的，所以不输入函数名就会出错。

输入代码清单37-3所示的程序，保存为test37.2并运行，在Python 2.7.6 Shell窗口中调用**cal()**函数，并在括号**()**里加入参数。

第四步：闯关任务

编写一个程序，先建立计算面积的主函数，再建立一个可算正方形面积和一个可算圆面积的函数，实现调用计算面积函数时，输入相应参数就能计算正方形或圆形面积的程序。

新单词：area（面积），*x*表示边长及半径。

38 银行账户要转账

目标

❑ 体会面向对象编程

引言

我们把钱存到银行里，就有银行账户了。现在直接用钞票的机会越来越少，发工资、买东西都是直接把钱转到账户中去，所以在银行账户上进行转账操作已经成了生活的必备技能。你知道什么是转账吗？举个例子，比如一个账户给另一个账户转1000元钱，我们可以用数学的概念来理解。假设一个是a账户，一个是b账户，账户a减去1000元，账户b加上1000元，这就完成了转账。日常生活中的事情虽然都是以数学为基础的，但又不完全等同于数学。你在银行里，从来没有听见有人对工作人员说，请给我的账户a减去1000元，再请给我的账户b加上1000元这样的话吧？一般的说法是：请给我从账户a转1000元到账户b。虽然这两者的数学计算是一样的，但还是有区别的。这主要是因为数学的概念中不能体现出加和减这两个计算之间的关联性，即从账户a减去的1000元就是给账户b加上的1000元。如果你用前一种方式告诉工作人员，他可能会从账户a取出1000元给你，然后再等你给他1000元存到账户b中，这就不如说转1000元这么简单清楚了。

"转账"，是银行账户的一种专门的操作方法，含有本账户金额减少的同时，其他账户一定相应增加相同金额的意思。和这个例子类似，实际生活中有许多行业有专门的操作方法，而且大家已经习惯了这些方法，如果程序按照这些方法的思路去编写，那么人们使用起来就更容易理解和掌握。因此，人们发明了面向对象编程，下面我们就用面向对象的方法编一个转账程序。

第一步：建立银行账号类

面向对象编程方法不再以操作过程为中心，而是以操作对象为中心。现在的操作对象是银行账户，先分析一下其特点。银行账户的属性有存款金额，操作方法有取钱、存钱、查看余额，所有的银行账户都如此，所以都是一类东西。我们先建立一个银行账号类Count，如代码清单38-1所示。

代码清单38-1 定义银行账号类Count

```
1   class Count():           #定义一个Count类，习惯上类名首字母大写
2       sum=0                #本类的sum（金额）属性先定为0
3       def get(self):       #定义一个get()函数，作为查看金额方法
4           print self.sum
5           return
6       def sub(self,money):  #定义一个sub()函数，作为取钱方法，参数
                              money代表钱数
7           self.sum=self.sum-money
8           return
9       def add(self,money):  #定义一个add()函数，作为存钱方法，参数
                              money代表钱数
10          self.sum=self.sum+money
11          return
```

第二步：建立账户实例

上面针对所有银行账户共同具有的特征，建立了银行账户类，那么具体到一个银行账户肯定是属于这个类的。但是每个账户又有自己的特殊属性，比如存款金额就不会一样，所以还要根据实际情况，定义每个账户特有的属性，这称为"建立实例"。我们来建立两个银行账户y6001、y6002的实例，其程序如代码清单38-2所示。

代码清单38-2 建立两个银行账户y6001、y6002的实例

```
12  y6001=Count()
13  y6002=Count()
14  y6001.sum=4000
15  y6002.sum=2000
```

第12句~第13句，定义了y6001、y6002属于Count类，第14句~第15句重新定义了y6001、y6002两个账户的金额属性。

第三步：转账函数

我们用银行账户为参数建立转账函数transfer()，程序如代码清单38-3所示。

代码清单38-3 建立转账函数transfer()

```
16   def transfer(a,b,x):
17       a.sub(x)
18       b.add(x)
19       return
```

其中，a、b两个参数是银行账户，x参数是转账的金额。

第17句调用银行账户类的取钱方法，第18句调用银行账户类的存钱方法，所以执行过程为a账户取出x金额的钱，b账户存入x金额的钱，即转账过程。

> 这里就可以解释前面的一个问题，关于类里面函数的第一个参数self，它可以起到的作用是：在具体调用该函数时，根据"."点号前面的内容自动带入函数中作为self参数的值。先看一下代码清单38-1中的第6句~第8句，这是类函数sub()语句，再看一下代码清单38-3的第17句调用类函数sub()时，self的值就为a，这句实际执行的是a.sum=a.sum-x。该句设置的参数x代替了类函数当时定义的参数money，由于self的取值如上所述，该句括号内不设置对应于self的参数了。

第四步：输入程序

按顺序输入代码清单38-1、代码清单38-2、代码清单38-3的内容到一个程序里，注意每一段的第1句都要顶格输入，不要带缩进。保存为test38.1，然后运行，在Python 2.7.6 Shell窗口依次输入：

```
>>>y6001.get()
>>>y6002.get()
```

上面两行代码用于查看两个账户的金额。然后再输入：

```
>>>transfer(y6001,y6002,1000)
```

上面这行代码从账户y6001向账户y6002转账1000元。

回车后，就执行转账1000元的动作了。再按上面语句进行查账，查看转账后两个账户金额是否出现变动。

第五步：闯关任务

现在增加两个账户，一个**y6003**有5000元、一个**y6004**有1000元。请在test38.1中建立这两个账户实例，保存后运行，然后完成从**y6003**向**y6004**转账2000元的操作。

39　计算机的小魔法

目标

☐ 认识类的常用内置方法__init__和__str__

引言

我们前面已经知道，对于同一类东西，在程序中可以给它们建立一个类，建立类时，Python会自动给类提供一些方法，这称为"内置方法"。使用这些方法可以让程序更灵活方便。这里，我们就介绍两个非常常用的方法：__init__和__str__。在类里加入这两个方法后，我们在定义和显示具体实例的属性时就更简洁了，关于它们的原理就不详细说明了，只要知道它们的使用就可以了。我们先把它们看成计算机的"小魔法"吧。

第一步：打出方法名

__init__和__str__

这就是这两个内置方法的名字，其写法就是名字前后各加两个下划线（在英文状态下，同时按下Shift键和减号键两次即可）。

第二步：学习新单词

新单词：bank（银行）、kind（种类）。

第三步：不用内置方法的例子

我们用面向对象方法把账户信息显示出来，但不用上面的两种小魔法，程序如代码清单39-1所示。

代码清单39-1　test39.1

```
1  class Count():
2      bank=""
3      kind=""
4      sum=""
5  y6001=Count()
6  y6001.bank="建设银行"
7  y6001.kind="活期"
8  y6001.sum=4000
9  print "我在",y6001.bank,"存了",y6001.kind,y6001.sum,"元"
```

在第1句~第4句，我们先定义了一个银行账户类，因为只是做程序展示，只需要账户信息，所以类里就不加入方法了，只有bank（银行名字）、kind（存款类别）、sum（金额）3个属性，属性值先为空。

第5句定义y6001属于Count类，第6句~第8句定义了y6001的实际属性值。

第9句要显示出我在什么银行存了什么种类的多少元钱。

请输入上面的程序，保存为test39.1，然后运行。

第四步：使用内置方法的例子

代码清单39-1所示的程序，用起来是不是感觉比较麻烦？如果有十几个账户都要显示出来，光把命令语句输入进去都需要半天时间。下面我们用内置方法__init__和__str__改写这个程序，看看方便程度如何，程序如代码清单39-2所示。

代码清单39-2　test39.2

```
1  class Count():
2      def __init__(self,bank,kind,sum):
3          self.bank=bank
4          self.kind=kind
5          self.sum=sum
6      def __str__(self):
7          msg="我在"+self.bank+"存了"+self.kind+self.sum+"元"
8          return msg
9  y6001=Count("建设银行","活期","4000")
10 print y6001
```

第1句~第8句定义了Count类，其中使用了__init__和__str__方法。

第7句用+这个连接运算符把要显示的各部分连在一起。

第9句在定义y6001属于Count类的同时，把括号内的属性值按__init__方法参数的顺序赋给y6001，其中self不必赋值。

第10句会显示出__str__方法中第7句定义的msg的内容。

请输入代码清单39-2所示的程序，保存为test39.2，然后运行。

第五步：对比

对比代码清单39-1和代码清单39-2中的程序，后者虽然建立类的时候麻烦一些，但以后使用时非常方便，当账户很多时，输入的工作量就少了很多。比如，代码清单39-1中要用第5句~第9句才能完成输入一个新账户并显示出来的过程，代码清单39-2中只用第8句、第9句两句就完成了。

第六步：闯关任务

请编写一个程序，运行后，只要输入print yxxxx（其中yxxxx是账户名）就能显示出图39-1中相应账户的银行名称、存款种类、金额。为了输入方便，可以使用简写：jsyh（建设银行）、gsyh（工商银行）、jtyh（交通银行）、nyyh（农业银行）、h（活期）、d（定期）。

账户	银行名称	存款种类	金额
y6001	建设银行	活期	4000
y6002	建设银行	活期	2000
y6003	建设银行	活期	3000
y6004	工商银行	定期	4000
y6005	工商银行	定期	5000
y6006	交通银行	定期	6000
y6007	交通银行	定期	7000
y6008	农业银行	活期	8000
y6009	农业银行	活期	9000

图39-1 银行账户表

40 显示格式有讲究

目标

☐ 明白显示格式的语句

引言

通过前面的学习可以发现，**print**语句是我们最常用的语句，这是因为程序的执行结果最后都得显示出来。很多时候，计算机显示的结果别别扭扭的，不像我们习惯的方式，这是因为计算机是一台机器，它只是刻板地执行命令，如果没有给它仔细地规定好怎么显示，显示结果就会使人们看起来不舒服。因此，在需要命令计算机执行显示动作时，一定要规定好显示的格式。

第一步：第一个计算机程序

你知道世界上第一个计算机程序是什么吗？就是在屏幕上显示出hello world这句话。hello是英文打招呼的词语，相当于汉语的"你好"，world的意思是"世界"，直接翻译虽然是"你好，世界"，但表达的是"大家好"的意思，后来这成了计算机世界中打招呼的习惯用语。现在如果请你把这个"老祖宗程序"也完成一下，应该是太简单的事了。来看代码清单40-1中的程序对不对。

代码清单40-1　输出**hello world**的错误程序

```
1  print "hello"
2  print "world"
```

这是有问题的，**print**语句每次执行时，都会在新的一行上开始，所以打印**hello**

后，下移一行，再打印world。但是这两个单词应该出现在同一行，也可以直接写出print "hello world"，我们又懒得这么改写了怎么办？最简单的改法是在第一句后加一个逗号，程序就不会换行了，如代码清单40-2所示。

代码清单40-2　修正程序来输出hello world

```
1  print "hello",
2  print "world"
```

第二步：空格与拼接

如代码清单40-3中的第1句所示，我们写在一行上，但保留逗号，显示时前后之间就会自动加一个空格。如果不想让前后之间有空格，而是直接连在一起，可以使用+来拼接，如代码清单40-3中的第2句所示。注意，这里所说的拼接是在字符串之间进行的操作，数字类型的数据与字符串类型的数据是不能拼接的。使用逗号时，则对连接的数据类型无要求。

代码清单40-3　空格与拼接

```
1  print "hello","world"
2  print "hello"+"world"
```

第三步：和不同的人打招呼

我们重点要掌握的是如何显示变量。例如要显示和一个人打招呼的话语，但是不同的人有不同的名字，希望print语句显示的话语可以根据人名的变化而变化，程序如代码清单40-4所示。

代码清单40-4　根据人名显示相应话语

```
1  name="xxx"
2  print "hello",name
```

假如在第1句给name赋值为xxx，第2句就会显示出hello xxx。注意，这里的hello为字符串，必须加引号；name为变量，不能加引号，加上引号就不能随着赋值的变化而变化了。你可以给第2句的name加上引号，看看是什么结果。

第四步：占位显示法

变量和字符串一起显示时，加不加引号的问题太麻烦，还有一种用占位的方法，就是在字符串里先用个标记占一个位子，在字符串最后再说明是哪个变量去"坐"这个位置。为了让大家好记，我们给它起个名字叫"占位显示法"。这种用法的标识符号是%，如代码清单40-5所示。

代码清单40-5　占位显示法

```
1  name="小王"
2  print "hello %s" %name
```

第2句中**"hello %s"**是要显示出的字符串，其中用**%s**先占了一个位置，**%**为占位标识符号，**s**表示字符串，意思就是在这里先给字符串类型变量占个位子，至于哪个变量来"坐"这个位置，则在**"hello %s"**后面用**%name**说明。**%name**里，**%**是对应的标识符号，**name**就是"坐"位置的变量，而且如第1句所示，**name**确实是字符串类型的。

第五步：显示名字和年龄

第一次和别人见面，先打完招呼，然后就该介绍自己了，所以要显示出自己的名字和年龄。现在小李见到小王，显示打招呼的话如代码清单40-6所示。

代码清单40-6　test40.1

```
1  name1="小王"
2  print "hello %s" %name1
3  name2="小李"
4  age=12
5  print "my name is %s,my age is %i" %(name2,age)
```

第5句有两个地方做了占位——**%s**和**%i**。其中，**i**表示是整数类型，后面**%(name2,age)**里的变量**name2**、**age**按顺序去前面"坐"位置。

请输入代码清单40-6所示的程序，保存为test40.1，然后运行。

第六步：显示浮点数

我们一般常用的变量类型就3种：**s**（字符串）、**i**（整数）、**f**（浮点数）。这种方法用于显示浮点数类型变量特别方便，可以更好地控制数字的显示，要显示 π 的值如代码清单40-7所示。

代码清单40-7　显示π的值

```
1    number=3.1415926
2    print "the pi is %.2f" %number
```

第2句里使用**%.2f**进行占位，说明是保留两位小数的浮点数，".2"就是规定显示时只能是两位小数，显示结果为**3.14**。如果使用**%.3f**，打印结果为**3.142**，自动四舍五入。

如果你在显示时，就是想打印出百分号（**%**），直接输入即可。程序能自动判别是百分号，还是占位标识符号。

第七步：闯关任务

请将上一次显示银行账户程序test39.1的**print**语句改成用占位的形式编写。

41 文件写入与读取

目标

❑ 认识在程序中进行文件写入与读取的语句

引言

计算机内的所有内容都是以文件形式存储的，所以在程序中进行文件内容的写入与读取是很重要的操作。首先我们来直观了解一下文件，以文本文档类文件为例，找到计算机桌面上的文本文档图标，将鼠标放上去后点击右键，弹出一个菜单，用鼠标左键点击"属性"选项，如图41-1所示。

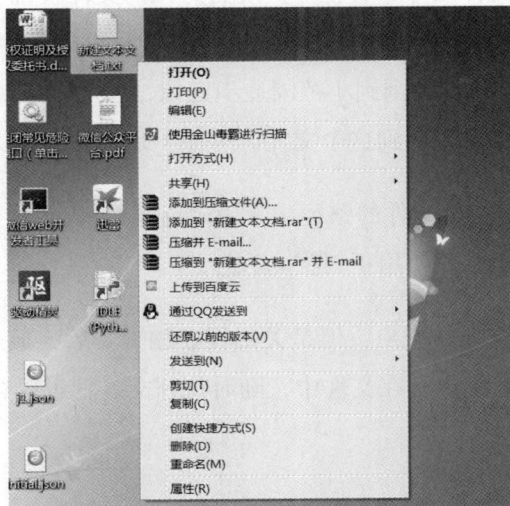

图41-1　找到文本文档的"属性"选项

然后会弹出来这个文件的"属性"窗口，如图41-2所示。

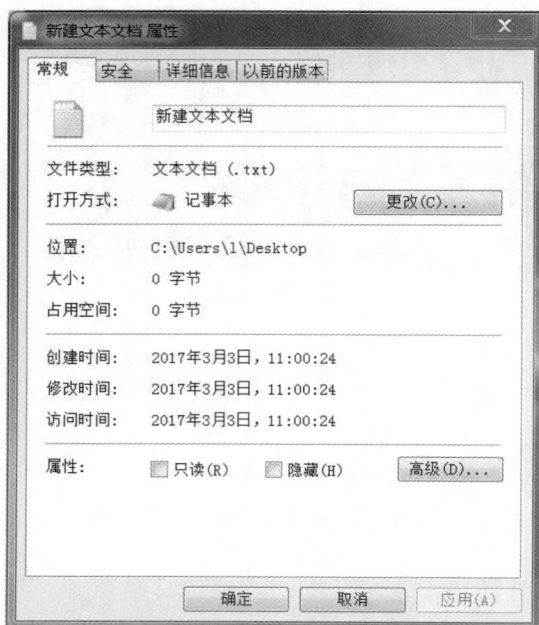

图41-2 文本文档的"属性"窗口

这个窗口显示了我们平常会用到的一些关于文件的概念（更多内容详见附录F），如：文件类型是"文本文档"，后面括号里的.txt是文件的扩展名。假如这个文件的全名是1.txt，1是这个文件的名字，txt是这个文件的扩展名。一般扩展名与文件类型是互相对应的，所以根据扩展名可以看出文件是什么类型（扩展名为txt的文件就说明其类型为文本文档）。下面显示的位置是C:\Users\l\Desktop，这就是文件在计算机中存储的位置。文件的存储位置像写信时的地址一样，从大范围到小范围逐步定位，这样的位置写法我们称为"路径"，就是通过这样一条"路"可以找到这个文件。再往下是文件大小、操作时间等。

在Windows操作系统中，文件的路径中常使用反斜杠（\），在Python中因为反斜杠起到转义符号的作用，所以推荐使用正斜杠（/）。

我们前面显示过一些银行账户，但是关闭程序编辑器后，显示内容就消失了，所以这次要通过程序把账户信息保存在文件中，随时打开文件就可以查看。

第一步：写入文件

我们要把程序里建立的账户信息写入1.txt文件，做这件事的顺序是：打开文件→写入文件→关闭文件。其语句如代码清单41-1所示。

代码清单41-1　写入文件语句

```
1   count_file=open('c:/Users/l/Desktop/1.txt','w')    #打开文件
2   count_file.write()                                 #写入文件
3   count_file.close()                                 #关闭文件
```

第1句关键是**open()**函数，这是打开文件命令，它里面有两个参数，第一个参数是文件的路径，路径C:/Users/l/Deskt/1.txt的意思就是在C:盘里Users文件夹下l子文件夹下Desktop子文件夹下的1.txt文件。第二个参数定义如何操作文件，**w**的意思是写入文件。该句使用**open()**函数建立一个**coun_file**对象，而且这个对象代表1.txt文件。

第2句里**write**是"写入"的意思，所以该句向**coun_file**文件对象内写入内容。这里有两种可能，一种是该路径上已存在1.txt文件，一种是该路径上还没有1.txt，所以执行第2句时，对于已有1.txt的情况，会把文件里原有内容消除掉替换为新内容；没有1.txt时，则会新建一个1.txt文件并写入内容。

第3句为关闭文件命令。使用完毕后一定记得关闭文件，否则文件内容不会被保存进去。

将一个账户信息实际写入的例子如代码清单41-2所示，注意图41-2里"位置"中第二个斜杠后面其实是字母"l"，如果你的计算机窗口里位置后显示的路径与本书不同，请按照你的显示结果输入。这里很容易出问题，最好的办法是在图41-2所示的窗口上，把位置后的路径直接复制粘贴到程序中，然后将里面的\都改成/，再加上1.txt。

代码清单41-2　test41.1

```
1   msg="y6001 jsyh 4000"
2   count_file=open('c:/Users/l/Desktop/1.txt','w')
3   count_file.write(msg)
4   count_file.write('\n')
5   count_file.close()
```

因为**count_file.write()**中只能有一个参数，所以第1句把所有信息内容组成一个数据变量**msg**。

第3句将**msg**写入文件。第4句写入\n，这是换行符，会使光标移到下一行，那么下次向文件写入时就相当于另起一行了。

输入代码清单41-2所示的程序，保存为test41.1，然后运行，就能在桌面上找到1.txt了，打开该文件看看里面是何内容。

第二步：追加文件

银行里的账户有很多，现在把**y6002**账户信息也写入1.txt。如果还用代码清单41-1所示的语句，就会把1.txt中已有的内容覆盖掉，所以要用追加文件语句，如代码清单41-3所示。

代码清单41-3   追加文件语句

```
1  count_file=open('c:/Users/l/Desktop/1.txt','a')
2  count_file.write()
3  count_file.close()
```

对比代码清单41-3与代码清单41-1中的内容，区别是第1句里**open()**函数的第二个参数不同，这里为**a**，这么写表示追加内容，不会覆盖掉以前的内容。

实际写入的程序如代码清单41-4所示。

代码清单41-4   test41.2

```
1  msg="y6002 jsyh 2000"
2  count_file=open('c:/Users/l/Desktop/1.txt','a')
3  count_file.write(msg)
4  count_file.write('\n')
5  count_file.close()
```

请输入代码清单41-4的程序，保存为test41.2，然后运行，再打开1.txt查看里面的内容。

第三步：读取文件

文件的内容也能在程序中读取。我们现在读取1.txt文件的内容，其语句如代码清单41-5所示。

代码清单41-5   test41.3

```
1  count_file=open('c:/Users/l/Desktop/1.txt','r')
2  lines=count_file.readlines()
3  print lines
4  count_file.close()
```

第1句用**open**函数打开1.txt，读文件时第二个参数为**r**，读取时必须保证该路径的文件是存在的，否则将出错。第2句的关键是**readlines()**函数，它可以读取文件中的全部内容，并存入一个列表。第2句把这个列表命名为lines。

请输入代码清单41-5所示的程序，并保存为test41.3，然后运行，可以看到文件内容。这里会把换行符（\n）也显示出来。

> 如果只想一次读取文件中的一行，可以使用**readline()**代替**readlines()**，会按顺序一行一行地读取。

第四步：pickle模块

数据量较大时，比如我们希望将y6001~y6009账户的信息都写入文件，前面的方法输入时就很麻烦。Python的**pickle**模块提供了一种更简单的方法来写入文件，该方法可以使用列表。现在我们用一下**pickle**，这个单词的中文意思是"腌起来"，而把数据存到文件中就像"腌咸菜"一样，把数据"腌"起来，这样数据就不会坏了。其语句如代码清单41-6所示。

代码清单41-6 用pickle模块来写入文件

```
1  import pickle
2  y6001=["y6001","jsyh","h","4000"]
3  count_file=open('c: /Users/l/Desktop/1.txt','w')
4  pickle.dump(y6001,count_file)
5  count_file.close()
```

第1句引入**pickle**模块，第2句把y6001的账户信息建立成一个名为y6001的列表，第3句打开1.txt文件，第4句使用模块的**dump()**函数。dump是"倒入"的意思，就可以把括号里第一个参数y6001"倒入"第二个参数count_file里。

将所有账户全部存入的完整程序如代码清单41-7所示。

代码清单41-7 test41.4

```
1  import pickle
2  y6001=["y6001","jsyh","h","2000"]
3  y6002=["y6002","jsyh","h","2000"]
4  y6003=["y6003","jsyh","h","2000"]
5  y6004=["y6004","jsyh","h","2000"]
6  y6005=["y6005","jsyh","h","2000"]
7  y6006=["y6006","jsyh","h","2000"]
8  y6007=["y6007","jsyh","h","2000"]
```

```
9    y6008=["y6008","jsyh","h","2000"]
10   y6009=["y6009","jsyh","h","2000"]
11   lists=[y6001,y6002,y6003,y6004,y6005,y6006,y6007,y6008,y6009]
12   count_file=open('c:/Users/l/Desktop/1.txt','w')
13   pickle.dump(lists,count_file)
14   count_file.close()
```

第2~10句把每个账户信息建立成列表，第11句把账户信息列表又组成了一个列表lists。第13句把lists"倒入"count_file中。

请输入代码清单41-7所示的程序，并保存为test41.4，然后运行。这时再打开1.txt，会发现文件里的内容有些看不懂，许多**p**、**s**等符号在里面。这是正常的，因为这种方式是使用**pickle**特殊的格式保存文件的。

第五步：还原pickle过的文件

上面我们把账户信息"腌"到1.txt里了，现在还要把它们还原回来。进行还原并查看的程序如代码清单41-8所示。

代码清单41-8　test41.5

```
1    import pickle
2    count_file=open('c:/Users/l/Desktop/1.txt','r')
3    count=pickle.load(count_file)
4    print count
5    count_file.close()
```

第2句第二个参数为**r**，关键是第3句使用模块的**load()**函数，把**count_file**文件内容还原，并命名为**count**。最后注意，所有操作中，使用完毕后必须关闭文件，不然会影响以后对文件的使用。

请输入代码清单41-8所示的程序，并保存为test41.5，然后运行。账户信息又显示出来了。

第六步：闯关任务

请编写程序把前面任务中蔬菜营养成分表的各行数据写入一个文本文档，再用程序把它们显示出来。

42　了解变量作用域

目标

❑ 明白变量作用域的规则

引言

　　如图42-1所示，不同的教室里有不同的班级在上课。上课时，老师下达的指令只在本班级里有效，对其他教室的学生不起作用。但所有班级都属于学校，所以校长下的指令会对每个班级都起作用。像这样，指令能管辖的范围就叫"作用范围"，也称为"作用域"。有了作用域，就能避免许多矛盾的产生，比如，舞蹈老师在A班下达的指令是穿白色的鞋子，在B班下达的指令是穿黑色的鞋子，虽然下达了两个内容相反的指令，但是每位同学都知道该穿什么鞋子。

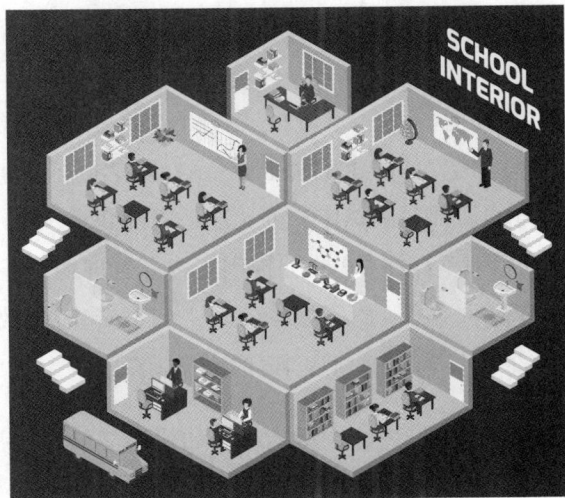

图42-1　学校与班级

程序中也有作用域这个概念，主要用于变量的使用上，称为"变量作用域"。为了说明变量作用域，我们先划分一下程序的区域：把整个程序看作"学校"，称为"全局空间"；把程序里的每个函数看作"班级"，称为"局部空间"。在局部空间里定义的变量称为"局部变量"，不在局部空间里定义的变量称为"全局变量"。因此，在使用变量时就产生了一些规则：

(1) 局部变量在它所属的局部空间之外，相当于不存在；

(2) 局部空间优先使用自身的局部变量；

(3) 局部空间内找不到所需变量时，就去全局空间里寻找。

不进行实践是不能对这些规则有清楚认识的，下面我们用程序来验证一下规则。

第一步：验证变量作用域

验证局部变量在局部空间之外无效的程序如代码清单42-1所示，请输入并运行。

代码清单42-1   验证局部变量在局部空间之外无效的程序

```
1   x=1
2   def test():
3       x=2
4       return
5   test()
6   print x
```

结果显示为：1。

第1句定义了x为1，第3句又定义了x为2，这看上去产生了矛盾。但其实不矛盾，因为所在作用域不同，计算机其实是创建了两个变量x，虽然同名，但保存位置不同。第3句的x=2是在函数test()的局部空间里定义的，这是局部变量，只在test()函数执行时存在，函数执行前和执行后都不存在，Python提供了内存管理功能，可以自动完成这个工作。所以虽然第5句进行调用，执行了函数test()，到第6句时函数已经执行完了，x=2所创建的变量x就不存在了，只剩下x=1所创建的变量x了。

验证局部空间内优先使用自身局部变量的程序如代码清单42-2所示，请输入并运行。

代码清单42-2　　验证局部空间内优先使用自身局部变量的程序

```
1  x=1
2  def test():
3     x=2
4     print x
5     return
6  test()
7  print x
```

结果显示为：

```
>>>2
>>>1
```

这里也是创建了两个变量**x**，第6句调用**test()**，会执行到第4句，此时使用的**x**优先使用局部空间的变量，即**x=2**创建的**x**。第7句执行时，只有**x=1**创建的**x**存在了。

验证局部空间不存在此变量，就去全局空间找的程序如代码清单42-3所示，请输入并运行。

代码清单42-3　　局部空间不存在此变量，就去全局空间找

```
1  x=1
2  def test():
3     print x
4     return
5  test()
6  print x
```

结果显示为：

```
>>>1
>>>1
```

这里**test()**的局部空间内没有定义局部变量**x**，第5句调用函数时，执行到第3句，就会自动使用第1句定义的全局变量。

第二步：函数内改变全局变量

有时我们需要在函数里定义全局变量，怎么跨过这个作用域的限制呢？在函数内改

变全局变量的方法是，在局部空间内把变量强制为全局变量，要使用关键字**global**，并调用一下该函数，示例程序如代码清单42-4所示。

代码清单42-4　在函数中定义全局变量

```
1   x=1
2   def test():
3       global x
4       x=2
5       return
6   test()
7   print x
```

按照代码清单42-4所示的程序输入并运行，显示结果为2。可以看出，显示x的语句是第7句，该句在全局空间中，本来应该用第1句定义的全局变量x=1，但在第6句调用**test()**时，**test()**内的第3句在局部空间中强制设置全局变量x（这时如果还没有定义全局变量x，就会新建一个；如果已经定义过全局变量x，就直接使用），所以第4句的**x=2**，其中的变量**x**就是第1句的变量**x**，因此全局变量**x**值就是**2**了。

第三步：总结

要理解上面的内容，只需明白下面两个关键的地方。

(1) 即使名字相同，局部变量和全局变量也是分别创建的不同变量。

(2) 当函数执行时，它的局部变量才被允许出现；执行结束后，它的所有局部变量都不再存在。

不知前面的内容你都明白了吗？其实有一个防止弄错作用域的最简单办法，就是不使用同名的变量，上面的问题都是因为变量名全为**x**才引起的。你可能要说，这么简单就解决了，那还费这么多脑筋来学作用域干嘛？因为在程序中，作用域问题不只在定义变量时存在，在另外一些地方上也是存在的，所以了解清楚是十分必要的，对我们进一步学习很有帮助。最后强烈建议：即使你全弄明白了，程序中也尽量不要使用重复的变量名。

第四步：闯关任务

这次做一个挑错题，程序如代码清单42-5所示。

代码清单42-5 到底显示几

```
1  x=1
2  y=1
3  def test():
4      y=x+1
5      return
6  test()
7  print y
```

运行该程序后，有人认为会显示2，因为开始x=1，y=1，第6句调用test()后，会执行y=x+1，所以y=2了，然后第7句执行print y就显示2。你认为对不对，能指出这个说法中的错误之处吗？

附录 A 进制与编码

　　进制就是用一种规定好的符号和规则来表示数字及运算的方法。日常生活中常用的是十进制，有10个数码符号（0、1、2、3、4、5、6、7、8、9），另外还有"个""十""百""千"等位权（如123，1在百位上、2在十位上、3在个位上），在运算时的规则为"逢十进一"，即每到十就要上升一个位权并成为一。依据这样的理论，其实我们可以发明出任意的进制方法。计算机中最常用的是二进制，另外还会用到八进制、十六进制。一般可在数字的右下角表明是几进制数字，下面我们看一下它们的规则。

　　二进制有两个数码符号（0和1），位权也是从右到左升高，运算规则为"逢二进一"，例如0+0=0、0+1=1、1+1=10。二进制数具体形式如$(0001)_2$、$(0101)_2$，这两个数相加为：

$$
\begin{array}{r}
0001 \\
+\ \ 0101 \\
\hline
0110
\end{array}
$$

　　八进制有8个数码符号（0、1、2、3、4、5、6、7），位权从右到左升高，运算规则为"逢八进一"，例如2+6=10、4+5=11。八进制数具体形式如：$(23)_8$。

　　十六进制有16个数码符号（0、1、2、3、4、5、6、7、8、9、A、B、C、D、E、F，其中A~F依次表示的值为10~15），位权从右到左升高，运算规则为"逢十六进一"，例如7+9=10、6+F=15。十六进制数具体形式为$(7F)_{16}$。

　　进制之间是可以相互转换的，具体的转换方法这里就不介绍了，你很容易查到相关资料。其实最方便的方法是使用计算机自带的计算器，在计算机屏幕左下角点击"开始"选项，然后依次点击"所有程序"→"附件"→"计算器"，就可调出系统自带的计算器。然后点击上面菜单栏的"查看"，在展开的子菜单中点击"程序员"，如图A-1所示。计算器的界面就变成图A-2中的样子。比如当前进制为十进制，随便输入一个数，点击计算器上的二进制选项，输入的十进制数自动变成对应的二进制形式。

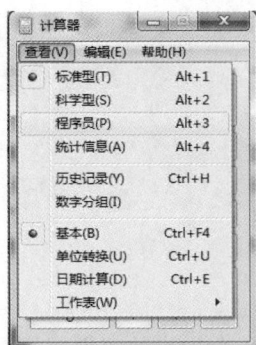

图A-1 操作界面示意图

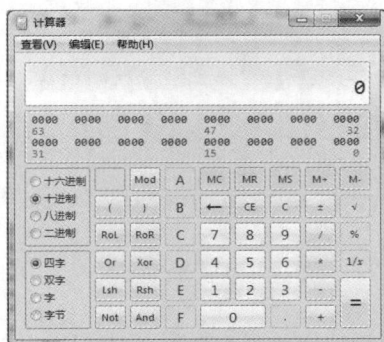

图A-2 操作界面示意图

但是进制转换并非十分完美，特别是在小数的转换上会出现一些问题，比如你打开 Python 2.7.6 Shell编程窗口，输入0.1+0.1+0.1+0.1+0.1+0.1+0.1+0.1+0.1+0.1，即10个0.1相加，最后不等于1。这就是因为我们输入的是十进制数，计算机要转换成二进制数再进行运算，算出结果后再转换成十进制的数给我们看，中间就出现了偏差。当然这种偏差非常小，对于我们平常的使用不会造成问题，但是大家在编程时要了解这种现象。

现在知道了计算机是如何表示数字的，可是字母、符号这些东西计算机怎么表示的呢？其实都是用二进制数字表示的，这里就涉及编码的问题。我们以ASCII（美国标准信息交换码）为例，如图A-3所示，这个表就是规定大家使用的编码规则。最上面的一行表示前4位数字，最左边的一列表示后4位数字，前4位加后4位一共8位的二进制数字就对应着一个框里的符号，如大写字母A的二进制表示形式为01000001。

前四位 后四位	0000	0001	0010	0011	0100	0101	0110	0111
0000	NUL	DLE	SP	0	@	P	`	p
0001	SOH	DC1	!	1	A	Q	a	q
0010	STX	DC2	"	2	B	R	b	r
0011	ETX	DC3	#	3	C	S	c	s
0100	EOT	DC4	$	4	D	T	d	t
0101	ENQ	NAK	%	5	E	U	e	u
0110	ACK	SYN	&	6	F	V	f	v
0111	BEL	ETB	'	7	G	W	g	w
1000	BS	CAN	(	8	H	X	h	x
1001	HT	EM	)	9	I	Y	i	y
1010	LF	SUB	*	:	J	Z	j	z
1011	VT	ESC	+	;	K	[	k	{
1100	FF	FS	,	<	L	\	l		
1101	CR	GS	-	=	M	]	m	}
1110	SO	RS	.	>	N	^	n	~
1111	SI	US	/	?	O	_	o	DEL

图A-3 ASCII编码图

附录 *B* 变量

变量的实质是在计算机内存中保留一个位置来储存值。在Python中创建变量的方法很简单，就是"变量名"="变量值"即可，如a=1，就创建了变量a，并将变量a赋值为1。

一、变量的命名

变量的名字可以自定义，其基本的命名规则为：（下划线或字母）+（任意数目的字母、数字或下划线）。注意，变量名必须以下划线或字母开头，不能以数字开头，否则程序会报错，如abc、dr4、_3k、F3_等都是合法的变量名，3d就是不合法的变量名。而且变量名称是区分大小写的，temp与Temp是不同的变量。

虽然很多名字都是合法的，但是如果变量的名字取得没有意义的话，会给阅读程序带来麻烦。如你的程序中出现了a1、a2、a3...a99、a100这些变量，看上去很整齐，可是这些变量表示的是什么意思，别人就看不明白了，时间一长你自己也会记不住的。因此，变量要尽量取一个有意义的名字，比如代表日期的变量就取名为date，要代表人名的变量就取名为name。

变量的取名不能与程序的保留字相同，否则程序会报错，Python的保留字如下所示：

```
and as assert break class continue def del elif else except
exec for finally from global if import in is lambda not
or pass print raise return try while with yield
```

二、变量复制

我们来看代码清单B-1所示的程序。

代码清单B-1　示例程序一

```
1  a=1
2  b=a
3  print a
4  print b
```

运行结果为两行1，解释如下：关键是**b=a**的含义，就相当于把一个新抽屉命名为**b**，然后把a抽屉里的东西复制一份放进去，所以a被赋值为1，b也被赋值为1。

三、不能使用没有定义的变量

现在我们再看代码清单B-2所示的程序。

代码清单B-2　示例程序二

```
1  a=1
2  print a
3  print b
```

运行结果就会如图B-1所示，Python 2.7.6 Shell窗口中出现几行红字，这就表示程序出错了，红字中给出了错误语句及原因。这里的错误语句是**line 3**（第三行），错误原因是**name 'b' is not defined**（名字b没有定义）。确实，在上面的程序中，b还没有定义就被使用了，所以必须先定义变量才能使用该变量。

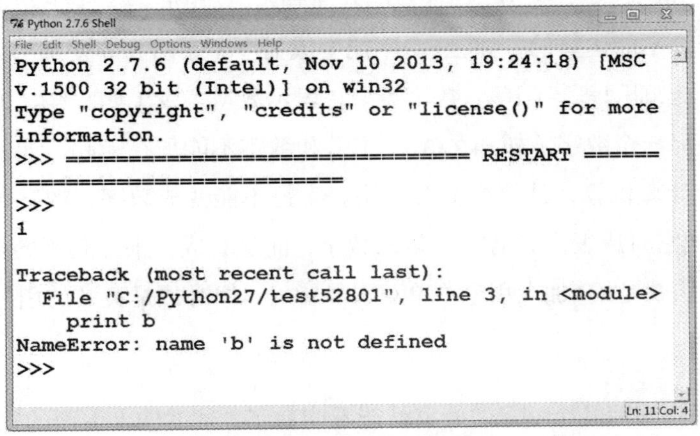

图B-1　运行结果示意图

附录 C 变量的数据类型

一、为什么要分数据类型

我们对变量进行赋值时，可以输入各种数据，如a=1、a="小明"等。计算机会把这些数据储存在内存中，但是储存前要先对数据进行分类，因为不同种类的数据要按不同的方法存进去。这就像我们往衣柜里放衣物一样，大衣就要放在大格子里，短衣就放在小格子里，袜子等更小的东西就放在小抽屉里，根据不同的数据类型就能把数据进行分类了。

二、数据类型之间的区别

现在我们先以字符类型和数字类型为例，简单说明一下数据类型的区别。字符类型表示一种形状，如□、○、▽分别是正方形、圆形、三角形，文字也是形状，所以属于字符类型。字符是不能运算的，如□+○不能变成另一个字符；非要加的话，只能是两个符号并排站在一起，即□+○=□○。数字类型，表示数量多少（如1、2、3、4、5），可以运算，相加变成另一个数字（如1+2=3）。字符和数字不能加在一起。如1+□，不表示任何意思，非要让计算机算，计算机就会出错。字符不能变成数字，数字可以变成字符。比如1，我们不把它看成表示只有一个量的数字，而是看成一根竖起来的棍，它就成了一个字符，变的方法就是给1加上引号（单双引号皆可，但必须是英文的引号），如"1"就表示一个字符了。

我们用1和"1"编写几个例子，大家就能看明白了。试试输入下面的3个程序，看看区别吧。

程序一：

```
1  a=1
2  a=a+1
3  print a
```

你能看出结果是多少吗？结果是：**2**。

程序二：

```
1  a="1"
2  a=a+1
3  print a
```

你能看出结果是多少吗？结果是：报错。因为字符**"1"**不能和数字1相加。

程序三：

```
1  a="1"
2  a=a+"1"
3  print a
```

你能看出结果是什么吗？结果是：**11**。这可不是**10**和**12**之间的那个**11**，一个字符**"1"**加一个字符**"1"**就变成了字符**"11"**。这里你可能疑惑引号哪里去了，实际上计算机不会记引号，引号只是我们用来告诉计算机：我打的这个1是字符。

三、Python 的数据类型判断

有的计算机语言需要在给变量赋值前，说明这个变量是什么类型的，以后这个变量只能被赋予这一种类型的值。而有的语言（如Python），可以自动根据输入的数据值判断是什么类型的数据，把这个过程简化了，使编程更加简便了，这也是我们选择使用Python的原因之一。

四、要用到的 4 种类型

明白了以上内容后，仅以我们需要的范围内，先了解Python中的4个数据类型。

❑ 字符串。一个字符或一列字符称为"字符串"。如果要输入字符串型的数据，就要在数据两边加上引号，单引号和双引号都是可以的，只是开头和结尾的引号必须一样（要么都是双引号，要么都是单引号），如**"a"**、**'abc'**、**"123"**等。

❑ **整数**。这和数学上的整数概念是一致的，只要输入的是一个不带小数点的数，Python就认为是整数类型的数据，如**23**、**7895544**、**-345**等。

❑ **浮点数**。当输入带小数点的数时，Python就认为是一个浮点数类型的值。形象记忆就是小数里的小数点会"浮动"啊，如**1.23456**和**12345.6**都是小数，其中小数点可以浮动，所以就是浮点数。

❑ **布尔值**。布尔值只有两个值，为**True**和**False**，也可以为整数值1和0，主要在进行判断时使用。

五、数据类型的转换

有些数据类型是可以相互转换的，下面是一些相关的转换命令。数据"转换"成另一种类型，当然不是数据自身真的变了，其实是计算机又创建了一个新数据。如果想更容易理解，可以就当作是转换了。

❑ **float()**：转换成浮点数。

❑ **int()**：转换成整数。

❑ **str()**：转换成字符串。

试试下面的程序四，你就会明白它们的用法了。

程序四：来看下面的程序，想想结果是什么？

```
1  a="1"
2  a=int(a)
3  a=a+1
4  print a
```

结果是：**2**。我们可以把这个例子和上面的程序二对照着来看。

附录 *D*　运算符

我们知道计算机的功能只是做计算，所以计算机语言的每句话其实都是一条运算命令，运算命令主要由操作数和运算符组成。比如c=a+b，其中a、b、c就是操作数，+和=就是运算符。

本书可能用到的基本运算符有：数学运算符、赋值运算符、比较运算符、逻辑运算符。其他运算符由于目前用不到，我们就不全部列出了。同一条命令中，对运算符的执行是有严格的先后顺序的，必须完全按照运算符的优先级从高到低来执行。基本运算符的优先级如表D-1所示，表中运算符的优先级由上到下降低。在同一运算命令中，出现相同优先级的运算符时，会按从左到右的顺序执行。

表D-1　基本运算符的优先级

运　算　符	名　　称
*、/	乘法、除法
+、-	加法、减法
<、>、==、!=	小于、大于、等于、不等于
=	赋值
not、and、or	非、与、或

附录 E math 模块

math模块定义了下列标准算术运算函数，对于编写计算类程序很有帮助，这些函数用于整数和浮点数，但是不能用于复数。所有函数的返回值都是浮点数，所有三角函数假定使用弧度。表E-1中为模块中的函数说明，以开头字母顺序排列。

表E-1 math模块中的函数说明

函　　数	说　　明
acos(x)	返回x的反余弦
acosh(x)	返回x的双曲线反余弦
asin(x)	返回x的反正弦
asinh(x)	返回x的双曲线反正弦
atan(x)	返回x的反正切
atan2(y, x)	返回atan(y/x)
atanh(x)	返回x的双曲线反正切
ceil(x)	返回x的向上舍入值
copysign(x, y)	返回与y具有相同符号的x
cos(x)	返回x的余弦
cosh(x)	返回x的双曲线余弦
degrees(x)	将x从弧度转换为角度
radians(x)	将x从角度转换为弧度
exp(x)	返回e^x
fabs(x)	返回x的绝对值
factorial(x)	返回x的阶乘
floor(x)	返回x的向下舍入值
fmod(x, y)	返回x/y后的余数
frexp(x)	返回元组形式的x的正尾数和指数
hypot(x, y)	返回欧几里得距离，$\sqrt{x^2 + y^2}$
isinf(x)	如果x是正无穷，则返回True

（续）

函　数	说　明
isnan(x)	如果x是NaN，则返回True
ldexp(x, i)	返回$x \times (2^i)$
log(x, y)	返回$\log_y x$，如果省略y，则该函数计算自然对数
log10(x)	返回基数为10的x的对数
log1p(x)	返回1+x的自然对数
modf(x)	返回元组形式的x的小数和整数部分。它们与x的符号相同
pow(x, y)	返回x^y
sin(x)	返回x的正弦
sinh(x)	返回x的双曲线正弦
sqrt(x)	返回x的平方根
tan(x)	返回x的正切
tanh(x)	返回x的双曲线正切
trunc(x)	将x截为最接近于零的整数

math模块定义了如表E-2所示的常量。

表E-2　math模块定义的常量

常　量	说　明
pi	数学常量π
e	数学常量e

附录 *F*　文件相关概念

一、文件格式

文件类型又称"文件格式"，指计算机在存储信息时对信息使用的特殊编码方式，比如有的格式用于存储图片，有的用于存储文字，有的用于存储程序。通常情况下可以通过文件的扩展名来判别文件格式，下面我们看一些常用的文件格式的扩展名。

- 文字格式：.doc、.txt、.wps
- 图片格式：.bmp、.jpg、.jpeg、.png、.gif
- 声音格式：.wav、.mp3
- 视频格式：.mp4、.avi、.rmvb、.wmv、.asf
- 压缩格式：.rar、.zip
- 执行文件格式：.exe

二、文件路径

文件路径可以确定文件的存储位置，我们的计算机基本上使用的都是Windows操作系统，该系统把存储空间分成几部分，分别用C:、D:、E:、F:表示，称为盘符；每个盘下面又分成几部分，称为文件夹；每个文件夹又可以再分下去，称为子文件夹；这种把空间进行划分的做法可以一直做好多层，每层的各部分都有名字，把这些名字用符号连起来，就是一条路径了，如下所示：

C:\data\music\123.mp3

所以这个路径从大到小各层依次是：

(1) 进入C盘；

(2) 进入盘内的data文件夹；

(3) 进入文件夹内的music子文件夹；

(4) 进入123.mp3文件。

这种表示方法很像书本里的目录，所以也称为文件目录。

文件路径分为绝对路径和相对路径。绝对路径就是完整路径，从盘符开始的路径，如上面所示的例子就是绝对路径。绝对路径不容易出现错误，但是输入比较长。相对路径从程序与文件共同的目录开始即可，比如程序存储在data文件夹里，其路径为：C:\data。在这个程序中，上面那个文件123.mp3的相对路径就可写成：

.\music\123.mp3

其中，.\代表当前路径，就是程序所在的路径C:\data\，这样还是从data往下进入music，去找123.mp3。相对路径使用起来比较省事，灵活性也好，但容易出错。

三、文件容量大小

我们先了解一些文件容量单位的术语，什么是"位""字节""字""千字节"。

- 位（bit）。这是计算机中最小的数据单位，也称为"比特"，每一位的状态只能是0或1。
- 字节（byte）。8个位构成1字节，它是存储空间的基本计量单位。1字节可以储存1个英文字母或者半个汉字，换句话说，1个汉字占据2字节的存储空间（编码方式种类较多，此句并非在所有编码方式下都正确）。
- 字。字是计算机进行数据处理和运算的单位。字由若干字节构成，字的位数叫作"字长"，例如一台8位机，它的字长为8位，那么1字就由1字节构成。如果是一台16位机，它的字长为16位，则1字就由2字节构成。
- 千字节（KB）。这里的K表示1024，也就是2的10次方，B表示字节，1KB表示1024字节。

比千字节（KB）大的单位还有兆字节（MB）、吉字节（GB）、太字节（TB）。最后，给出一个文件容量大小常用单位的换算关系：

1KB=1024B

1MB=1024KB

1GB=1024MB

1TB=1024GB

add	加	field	字段	password	密码
age	年龄	fill	填充	person	人
append	增加	five	五	physics	物理
area	面积	flip	翻转	position	位置
ball	球	for	对于	price	价格
bank	银行	four	四	print	打印
break	中断	gender	性别	product	乘积
button	按钮	gross	总额	randint	随机整数
buy	买	height	高度	random	随机
carry	搬运	hold	握住	range	范围
center	中心	horn	鸣笛	raw	生的
change	找回的零钱	if	如果	rect	方形
chemistry	化学	import	引入	remove	移除
Chinese	语文	in	在什么里面	return	返回
circle	圆	input	输入	right	向右
class	类	insert	插入	row	行
coin	硬币	int	整数	screen	屏幕
continue	继续	introduce	介绍	seat	座位
course	课程	key	按键	sleep	睡觉
del	删除	kind	种类	sort	排序
delay	延迟	left	向左	speed	速度
display	显示	long	长	time	时间
down	向下	mark	分数	tooth	牙齿
draw	画图	math	数学	true	真
elephant	大象	money	钱	type	类型
elif	否则如果	motion	运动	tyre	轮胎
else	否则	mouse	老鼠、鼠标	up	向上
English	英语	move	行驶	water	水
event	事件	multiply	乘法	while	当……时
extend	扩展	name	名字	width	宽度
false	假	nose	鼻子		

站在巨人的肩上
Standing on Shoulders of Giants

站在巨人的肩上
Standing on Shoulders of Giants

TURING
图灵教育

iTuring.cn